机场阻机砂拦阻系统

李光元　许　巍　朱剑飞　曹思杰　著

国防工业出版社
·北京·

内 容 简 介

本书系统研究了机场阻机砂拦阻系统的基本理论和设置方法。全书共分10章,主要内容包括飞机冲出跑道的原因、滑水问题分析、飞机冲出跑道的概率分析、飞机轮胎在砂土中运动的力学理论、阻机砂堤的数值分析、阻机砂堤设置方法、阻机砂堤设计理论的试验验证、阻机砂堤设计指标等。

本书可以供机场维护管理人员阅读,也可以作为机场工程本科高年级学生或研究生参考书使用。

图书在版编目(CIP)数据

机场阻机砂拦阻系统 / 李光元等著. —北京:国防工业出版社,2021.10
ISBN 978-7-118-12330-2

Ⅰ. ①机… Ⅱ. ①李… Ⅲ. ①飞机-拦阻装置-研究
Ⅳ. ①V226

中国版本图书馆 CIP 数据核字(2021)第 207188 号

※

*国防工业出版社*出版发行
(北京市海淀区紫竹院南路23号 邮政编码100048)
北京虎彩文化传播有限公司印刷
新华书店经售

*

开本 710×1000 1/16 **印张** 8¾ **字数** 146 千字
2021 年 10 月第 1 版第 1 次印刷 **印数** 1—1000 册 **定价** 98.00 元

(本书如有印装错误,我社负责调换)

国防书店:(010)88540777   书店传真:(010)88540776
发行业务:(010)88540717   发行传真:(010)88540762

前　　言

　　机场跑道直接供飞机起飞和着陆滑跑使用,是机场中最重要的组成部分。跑道的长度是按照一定的理论原理设计的,考虑了飞机使用的很多因素,正常情况下能够满足飞机的使用。由于跑道的长度是定值,而飞机在跑道上的起飞和着陆活动是随机事件,所以在一些特殊情况下,飞机还是难免会冲出跑道。

　　国外数据表明,有的机场飞机冲出跑道的概率高达万分之几。在飞机冲出跑道后,对飞机进行拦阻是必要的。为了保证飞机起飞和着陆的安全,在机场规划设计时,在跑道两端都修建了拦阻设施。

　　拦阻设施主要有阻机砂、拦阻网、EMAS 等。本书对阻机砂这种拦阻措施进行研究,从飞机冲出跑道的原因、力学原理、拦阻数值分析、设置方法等方面进行阐述,为阻机砂的研究奠定基础。

　　全书由李光元统稿,李光元编写第 1~4 章,李光元、朱剑飞编写第 5~7 章,许巍编写第 9 章,曹思杰编写第 8、10 章。

　　鉴于作者水平有限,研究工作还比较初步,书中内容难免错漏,恳请读者批评指正,共同将这项研究引向深入,为保障飞行安全贡献力量。

目　　录

第1章 绪 论

机场拦阻系统是指为减小飞机在起降过程中冲出跑道所造成的损失、保证人机安全而设置的,用以拦阻以一定速度冲出跑道的飞机,使其降低速度,能平稳地停于飞行场地之内的应急安全设施。拦阻原理就是利用动力学基本原理,在拦阻带设置一些装置,增大飞机通过的阻力,抵消其冲出跑道时的动能,从而保证飞机和人员的安全。机场的拦阻系统包含阻机砂系统、拦阻网系统和特性材料飞机拦阻系统(EMAS)等。本书主要研究阻机砂系统。

1.1 拦阻系统的作用

机场跑道直接供飞机起飞和着陆滑跑使用,是机场中最重要的组成部分。跑道的长度不能太长,也不能太短。跑道长度太长,虽提高了飞行安全的余度,但占地面积大,增加工程投资;跑道长度太短,难以保证飞机以最大质量进行起飞和着陆,不能够保证飞机起飞和着陆安全。所以,为了保证飞行安全和考虑经济效益,跑道设计时必须确定一个科学合理的长度。飞机在长度设计科学合理的跑道上进行起飞和着陆滑跑时,由于起飞和着陆速度非常大,当发生一些特殊情况时,飞机还是难免会冲出跑道。

根据国外统计资料,一个机场在 19440 次的飞机起飞着陆中,飞机冲出跑道 8 次,平均每起落一万次冲出 4.1 次。针对飞机时有冲出跑道的现实,为了保证飞机起飞和着陆的安全,在机场规划设计时,在跑道两端必须设置安全设施。在不加长机场跑道的情况下,在跑道两端设置一定长度的端保险道(端安全区)就是有效的安全保护措施。端保险道对降低飞机冲出跑道和提前接地的危险,保证飞机和人员的安全至关重要。端保险道必须平整、坚实、变坡平缓,不应有任何危及飞行安全的障碍物存在。其目的是为提前接地或冲出跑道的飞机提供经过清理和平整的地区,不致对飞机结构造成重大损坏,减小损失。端保险道(有的资料称缓冲地带)具体位置如图 1.1 所示。

端保险道的宽度为土跑道宽度与跑道宽度之和,再加上一定的安全宽度组成,端保险道的长度通常在 200~400m 之间[1],并要在端保险道上修筑一些飞机拦阻设施,从而保证飞行安全,如图 1.2 所示。

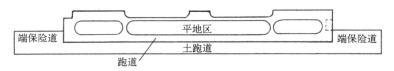

图 1.1 端保险道(端安全区)位置图

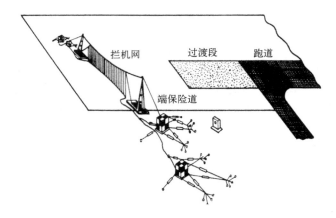

图 1.2 端保险道区域构成

1.2 机场拦阻系统分类

目前,设置在机场端保险道上的拦阻设施主要包括阻机砂、拦阻网和EMAS 等。

1.2.1 阻机砂

阻机砂是一种简便拦阻设施。大量事实表明,端保险道阻机砂堤具有许多优点:较宽的适用范围、使用维护工作量小、不影响机场净空条件、再次使用准备时间短、损伤飞机程度轻、功能强、有效使用宽度较宽。目前,阻机砂常用的有3种形式[2]——修筑砂堤、砂坝和翻松土面,如图1.3 所示。这3种形式各有优缺点:前两种施工和维护简单,但是由于阻力较大,飞行员受到震动较剧烈,而且有折断起落架和使飞机翻筋斗的危险,故图1.3(a)、(b)发展到图1.3(c)的形式。图1.3(c)所示的阻力较小,不致损伤飞机,但易使飞机陷住而难以拉出,湿时泥泞,干时扬尘,妨碍飞行,施工与维护也比较麻烦。因此,可将几种形式结合起来采用,先对靠近过渡段的土质地区进行翻松来减低飞机滑行速度,末端再用砂堤来阻拦飞机。

2

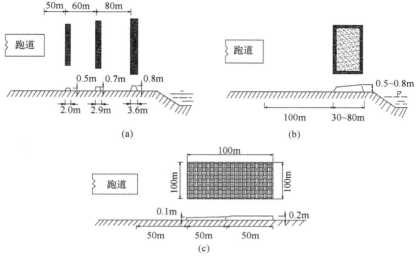

图 1.3 阻机砂的 3 种形式

在修建缓冲地带时,曾将修筑砂堤的方法加以改进,在保险道上修筑两道漫坡形状的环形砂带,如图 1.4 所示,在砂带之间铺以约 10cm 厚的粗砂作为表层,再在末端修筑砂堤。这样的做法也是过去使用上认为较好的一种,但仍存在不利排水和不便维护的缺点,所以对缓冲地带的设计,还须进一步研究加以改进。随着航空事业的不断发展,对飞行安全的要求也越来越高,这就要求我们对缓冲地带设置的位置、尺寸与新的形式进行深入研究,以满足安全的要求。同时,一些新材料、新工艺、新方法在国内外的出现与应用,也为缓冲地带的优化与改进提供了技术支持。

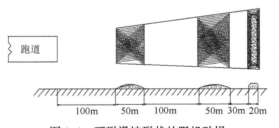

图 1.4 环形漫坡形状的阻机砂堤

1.2.2 拦阻网

拦阻网安装在机场跑道缓冲地带,能有效拦住起降过程冲出跑道的飞机,如图 1.5 所示。航空事业的不断发展,对飞机着陆的地面安全防护装置提出了越来越高的要求。有关资料表明[5]，飞机起降过程中发生的事故约占全部飞行事故的一半以上，因此，目前飞机应急拦阻设备已是机场场务设施中重要的防护设备之一。

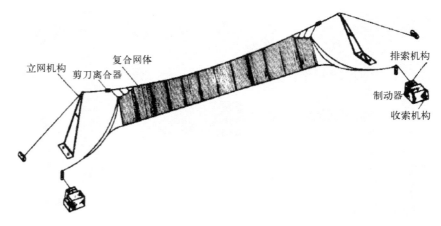

立网机构　剪刀离合器　复合网体　排索机构　制动器　收索机构

图 1.5　拦阻网系统组成图

我国于 1966 年开始研制拦阻设备，1969 年首次生产研制出第一套型号为 LZ-Ⅰ 的拦阻网设备。该拦阻网设备存在许多问题，对飞机损伤大，直到 1979 年才研制出 LZ-Ⅱ 拦阻网设备，经试验、定型后投入使用，它克服了 LZ-Ⅰ 型拦阻网的缺点，但仍存在拦阻容量小、吸能器结构复杂、使用维护不便等缺点。随着科学技术的发展，飞机拦阻网设备的发展又向前迈了一步。20 世纪 80 年代初期，我国引进了当时较为先进的 M-44 拦阻网设备，以此为基础又先后研制成功了 LZ-Ⅲ型、LZ-Ⅲ(A) 等新一代飞机拦阻网设备[3-5]。

拦阻网设备主要由拦阻网、立网机构、制动器、电控箱及排索机构等组成。拦阻网升降可遥控、手动或电动控制，升起时间为 3~10s，一般只用于拦阻小型飞机。LZ-Ⅱ 型设备的网体由 4 组互相独立的组网构成，为气压磨擦式制动器。LZ-Ⅲ 型是由 5 组互相独立组网组成，为水涡轮式制动器。这些型号的拦阻网设备使用方法基本一样，归纳起来，有以下几个特点：一是拦阻设备已成为机场设施中一个重要设备，实现了从无到有的转变。二是设备性能、质量越来越好。设备借鉴了国外同类产品的优点，并根据我国飞机的发展需要，采用了水涡轮阻尼单片机、激光测速等高新技术。三是设备经受住了实践的检验，在历次事故中发挥了很好的作用。四是设备型号、性能单一，我国现有的均是网式飞机应急拦阻设备，其他形式的拦阻设备的研发比较薄弱。

1.2.3　EMAS 拦阻系统

EMAS 是一种专门的飞机越界阻滞系统,对于没有足够的安全区域应对飞机越界事故的机场是一个很好的选择。该系统不仅可以平稳、有效地阻滞住越界的飞机,而且能够保证飞机和乘员的安全,最大程度上降低事故的损失,优点是不影响机场端净空。其实用性已经在多起飞机越界事故中得到证实。

在 20 世纪 90 年代早期,酚醛泡沫混凝土作为拦阻材料被实验研究,并在工程中采用。美国 E. Heymsfield 与 T. L. Halsey 教授研究的 EMAS 系统,它是由一种似水泥式的,有黏性的材料组成的一种被动系统,飞机通过碾压这种材料使速度降下来。截至 2012 年底,美国在 35 个机场的 55 条跑道的末端安装了EMAS,西班牙、法国等一些欧洲国家的机场也有采用。

EMAS 在多次飞机越界事故中发挥了重要作用,成功地阻滞了飞机,并且飞机没有受到损伤,机上乘客也没有受到伤害。如 1999 年 5 月,美国肯尼迪国际机场一架 SAAB-340 飞机以 75kn(约 38.6m/s)的速度冲出跑道,在 EMAS 阻滞区滑行了大约 76m 后停止,飞机和乘客均安然无恙,4h 后将飞机拉出,跑道重新开放。2005 年 5 月,同样在肯尼迪国际机场一架波音 747 飞机以 70kn(约36m/s)的速度冲出跑道,EMAS 将其成功阻滞,机上乘员安全脱险,数天后该架波音飞机即重新投入正常运营。2006 年 10 月,美国加利福尼亚机场成功阻滞一架"湾流"T-55 型喷气式飞机。由于 EMAS 系统在实际应用中发挥了巨大作用,2005 年 ICAO 发布咨询通告建议:凡是在机场跑道末端不能修建 5666 英尺(约 300m)安全区的机场,必须修建 EMAS。随着民用航空业的迅速发展,EMAS 必将在实践中得到更广泛的应用,为提高机场的安全性提供可靠保障。

1.3　国内外研究概况

1.3.1　国外研究现状

瑞典的气候寒冷,道面经常结冰,飞机冲出跑道的事故率高,因此瑞典是最早研究飞机应急拦阻设备的国家。由于飞机质量加大和速度加快,一些飞机要求的跑道更长,但机场受客观条件等因素的影响,跑道不可能无限制地延长,这种矛盾的激化导致事故率增加,也迫使欧美国家开始研究拦阻设备。苏联土地富饶,机场宽敞,端保险道比较长,因而苏联相对其他一些国家来说,研究拦阻设备稍晚一些。

国外研究拦阻设备的历史不是太长,但其拦阻设备技术已达到非常先进的程度。外国空军机场甚至民用机场很多都安装有飞机拦阻设备。拦阻设备有网式、索式、网索混合式和道面拦阻系统,功能各异的应急拦阻设备已达十余种。拦阻网(索)升降可遥控或自动控制,升起时间为数秒,最先进达1s以下,可用于拦阻小、中、大型飞机。

美国空军现有多种型号飞机应急拦阻设备,并可相互配合使用。他们广泛使用的是BAK-12标准应急拦阻设备。该设备有4个旋转式磨擦减能制动器,跑道两侧各两个,通过横在跑道的钢索或尼龙拦阻网相互连接。拦阻时钢索升在跑道道面上方,飞机放下尾部拦阻钩即可进行拦阻。其主要优点是:一可拦阻多种飞机。该设备可使用两种尺寸或长度不同的制动带,可拦阻不同种类的飞机。二可双向拦阻。可在跑道的任何一端拦阻飞机,可在跑道进场着陆端进行预防拦阻,亦可在端保险道上进行拦阻。三是设备配套。该设备是一套可独立工作的成套设备,不需要外部动力。另一种拦阻设备为BAK-13型,主要用于驻欧洲和太平洋(含阿拉斯加)空军司令部,供装有拦阻钩飞机使用。该设备为液压驱动,使用后能立刻恢复到原始位置。有些机场还同时装有BAK-14拦阻设备。该设备的拦阻钢索位于跑道水平面之下,由飞行指挥员操纵使用。BAK-9拦阻设备配有高10m的拦阻网,供没装拦阻钩的飞机使用。另外,美国空军还使用其他型号拦阻设备。如64型拦阻网有两排网,可拦阻重360t大型飞机,制动距离360m。MA-TA用于拦阻没有拦阻钩的飞机,E-5拦阻设备拦阻有拦阻钩的飞机。MA-TA拦阻设备稍加改装即可与BAK-9、BAK-12和BAK-13以及与MMAS机动拦阻设备配合使用。机动拦阻设备由两辆牵引车组成,每辆车上安装有适于运输的BAK-12拦阻设备。这种机动拦阻设备可用于被炸跑道和公路主干线供飞机起降路段以及飞机迫降地点。据国外文献报导,世界许多国家还采用了61QS拦阻网拦阻飞机,这种设备具有可用两种方法升降、安全性能较好和适用范围广等优点。在热带和北极地带各种气象条件下,该型拦阻网成功地拦阻过各类飞机。北约国家空军普遍使用的500S飞机拦阻设备是使用钢索或尼龙绳拦阻飞机,但加上附加设备621/1,也可安装拦阻网配合使用。500S设备共有3种型号,即500S-4、500S-6和500S-8,可根据不同需要将某一型号进行改装成另一型号。

由于拦阻网立网时对净空有影响,美、英两国还研制出没有网、索的新型拦阻设备,即飞机道面拦阻系统。该系统为酚醛或甲醛泡沫塑料垫,放置在跑道的端保险道上。这种装置用于拦阻大型飞机,可在现场用简单搅拌和浇注设备即可压制,其优点是安全可靠,无需专人看管和维护,不影响净空。美国波音747、英国"彗星"4B飞机进行了拦阻试验,效果良好[7-12]。

飞机道面拦阻系统的研究始于20世纪60年代,那时的研究侧重于材料的选择方面,美国航空航天局(NASA)和英国国防部考虑使用黏土、细砂、砾石、水和泡沫等作为拦阻材料来开发道面拦阻系统[13-14]。这类拦阻系统通过压碎拦阻材料给飞机起落架施加阻力负载,拦阻材料在被粉碎的过程中吸收了飞机动能,从而制动飞机使之停止。美国航空航天局在60年代早期研究了用水-池塘作为拦阻材料的测试(汤普生,1961)。在60年代后期和70年代早期英国国防部在砂砾上进行了研究(巴恩斯,1974)。英国国防部随后在70年代中期在泡沫材料上进行了研究(Whiteet,1993)。美国军队在80年代早期研究了拦阻材料如砂子和黏土(胡克,1985)。美国联邦航空管理局(FAA)在80年代中期对水-池塘、砂子、黏土、砂砾和泡沫等材料进行了研究(胡克,1987)。纽约港口当局和新泽西州连同联邦航空管理局一起在80年代后期研究了泡沫材料(Whiteet,1993)。随后,全美工程公司(ESCO)继续了港口当局和联邦航空管理局的研究,现在被联邦航空管理局指定为拦阻系统设计的公司(ICAO,2005)。

在20世纪60年代早期,通过早期的调查研究,美国航空航天局申请的水-池塘研究项目被认为是可能实现的拦阻方案。水作为拦阻材料仅在飞机速度低于93km/h时能表现出较好的力学性能,同时,研究人员发现水虽然阻挡了飞机模型,但是当飞机以较高的速度进入就会造成模型损坏。此外由于水易吸引鸟类、随气候变化易结冰、高温蒸发等因素,作为拦阻材料还有很大局限性。

英国国防部在20世纪60年代后期和70年代早期用砂砾作为机场缓冲地带拦阻材料,并致力于研究砂砾大小与飞机拦阻效果之间的量化关系。砂砾拦阻材料的性能测试是用小飞机来进行试验分析并建立了数字模型。该数学模型后来被用于比较大的商业飞机,从而避免了费用比较高的实物测试。通过研究发现:砂砾的特定类型可能是比较有效的,但是砂砾也存在一定的缺陷,如砂砾易受天气状况影响。除此之外,砂砾作为拦阻材料极易在飞机经过时被卷起,一旦被卷入飞机发动机中,将给飞机带来严重后果可能严重危及飞机乘客安全,因此也有很大的局限性。

英国国防部在70年代中期决定用甲醛泡沫作为拦阻材料进行研究。甲醛泡沫是一种能在需要填充的位置上快速地变硬并产生泡沫的液体。现场测试是用一架"彗星"3B飞机,其最大着陆质量为54400kg、着陆速度为67~104km/h。测试期间是用单层和双层两种类型的泡沫。单层泡沫和双层泡沫的底层压碎能在496~648kPa之间。双层泡沫的上面层压碎能在248~386kPa之间。对于耐久性方面,Gwynne建议采用纤维玻璃布和PVC乳状液油漆进行外表层防晒防雨处理的方法。甲醛泡沫被证实是一种非常有效的拦阻材料,它的拦阻效能不受天气情况和飞机进入速度大小的影响。然而,作为建筑绝缘材料的甲醛泡沫对人体的健康是非常有害的。因此,该材料已经在美国禁止使用,甲醛泡沫最终也没有用作美国飞机场的拦阻材料。

美军在80年代早期用砂子和黏土作为拦阻材料进行了研究,使用一架F4-C的战斗机进行了测试。经过研究得出砂子和黏土作为拦阻材料是比较有前景的。

SAFE研究部门通过计算机建立模型来研究土壤拦阻材料的性能。电脑程序FITER1就是从SAFE发展出来的一部分。FITER1可以对飞机传动装置、轮子辙迹深度、减速度和停止距离进行分析计算。计算出的结果与F4-C进行的测试结果相一致,说明所建立起来的模型是合理的。然而,砂子和黏土的土壤特性对温度和湿气过于敏感,其力学性能很难连续预测。

FAA在80年代中期致力于水-池塘、砂子、黏土、砂砾和聚苯乙烯泡沫拦阻材料的研究。在这一项研究中,计算机程序FITER1通过模型修正可以对不同材料进行模拟研究。在先前的研究中已经发现水-池塘、砂子和黏土存在一定的局限性,因此,大部分研究精力是用在砂砾和聚苯乙烯泡沫这两种材料上。通过大量研究FAA初步认为,砂砾和聚苯乙烯泡沫材料可以安全地阻拦一架飞机,是一种很有发展前途的材料。但是砂砾可能对机体产生损坏,而聚苯乙烯泡沫存在反弹和火灾危险,所以FAA决定放弃对砂砾和聚苯乙烯泡沫拦阻材料的研究。

纽约港口当局和新泽西州连同FAA一起在90年代早期研究了酚醛泡沫。在这一项研究里,酚醛泡沫被认为是最适合用作EMAS的材料。通过计算机程序ARRESTOR建立酚醛泡沫的材料模型。ARRESTOR是FITER1在模拟泡沫物质拦阻材料方面的修正版。在90年代早期通过用波音727飞机进行酚醛泡沫拦阻飞机的现场测试,并且用ARRESTOR进行模拟得出酚醛泡沫看来还是比较可靠的,如图1.6所示。

图1.6　飞机拦阻材料的现场测试图

美国 E. Heymsfield 与 T. L. Halsey 教授[14]研究的 EMAS 系统,是由一种似水泥式的、有黏性的材料组成的一种被动系统,飞机通过碾压这种材料使速度降下来,并于 1999 年 5 月首次在美国肯尼迪国际机场的一条跑道上进行了试验性铺装,效果良好,铺设后曾多次避免了冲出跑道事故的发生。EMAS 设计以计算机模型为基础,通过计算机对设计飞机的 100 多组变量进行辅助分析,包括飞机离地速度、起落架动态特性、起落架结构等,最终确定 EMAS 的设计数据与起落架强度和可用跑道端安全区长度等参数之间的联系。

1.3.2　国内研究现状

目前,我国飞机应急拦阻设备与国外相比还有很大差距。西北工业大学吴娟、何长安[8]对陆基拦阻系统拦阻网进行了详细研究。在吴娟博士论文中针对拦阻过程中过载、带拉力、拦停距离、刹车压力等指标要求,从控制学的角度用MATLAB/SIMULINK 对这一过程进行了仿真,并建立了仿真模型,对各种陆基拦阻系统进行了仿真和拦阻分析。东北大学曹淑华[15]对陆基拦阻系统用MATLAB 进行了简单的仿真分析。南京航空航天大学张澍森[16]研究了飞机拦阻过程的非线性最优控制。北京航空航天大学杨新[17]等用 MATRIXx 进行仿真,提出了飞机六自由度建模一般方法和原则。中国飞行研究院袁东[18]阐述了轮式起落架的仿真建模方法,研究了作用于起落架上的力、力矩及其传递过程。西北工业大学徐冬苓[19]对飞机起落架组成及工作原理进行了研究,建立了起落架数学模型,并在 MATLAB/SIMULINK 环境下进行了系统仿真。南京航空航天大学晋萍、聂宏[20]以支柱式起落架为原型,建立了一种以 ADAMS 软件分析起落架着陆动态性能的方法。

随着民航飞机的载重越来越大,有些机场在跑道缓冲地带开始铺设含水泥拦阻道面,采取一些新工艺、新材料等,有效地降低飞机的速度将飞机拦阻下来。中国民航大学常虹[21]在其硕士论文中提出了 EMAS 的技术要求,给出了拦阻材料应具备的特性及 EMAS 几何设计要求,包括铺设宽度、长度、滞后段距离和可拦速度等参数的确定方法。该论文建立了 EMAS 拦阻飞机过程的数学-力学模型,分别进行了拦阻过程的动力学与静力学分析,得出了飞机进入 EMAS时的初始动能与拦停距离、压入深度、EMAS 作用于飞机的垂直和水平荷载的函数关系[22];深入研究了机轮-EMAS 间的接触面作用,得出了机轮所受水平、垂直荷载计算式,导出了 EMAS 产生的水平、垂直荷载与 EMAS 材料密度、飞机水平速度、轮胎型号和机轮压入 EMAS 深度的函数关系,为我们的缓冲地带研究提供了新思路。中国民航科学院对此进行了较深入的研究,并且颁布了相关的技术规范。EMAS 拦阻系统如图 1.7 所示。

图 1.7　EMAS 拦阻系统

　　空军工程大学机场建筑工程系对机场跑道缓冲地带也进行了一些研究,先后在期刊上发表了《机场缓冲地带设计研究》与《飞机着陆撞网问题研究》,对课题的后续研究提供了重要的参考与帮助。

　　总之,国外对飞机拦阻系统已经有了一些研究,且在实践中应用了很长一段时间。但是就目前所公布的资料中,多是一些试验数据和在试验数据基础上建立的经验公式,对理论分析和实际应用公布得极少。而国内对飞机拦阻设施的研究,由于试验和试验数据缺乏,大多采用理论分析与建模仿真的方法。同时,国内在仿真方面,模型简单,材料单一,不够系统。在飞机冲出跑道的原因和阻机砂拦阻系统的研究方面理论欠缺,试验数据缺乏,很少有比较系统的研究。

第 2 章　飞机冲出跑道影响因素

飞机起飞着陆冲出跑道的现象时有发生,处置不当就会带来很严重的危害,造成生命和财产的损失。在飞行安全事故中,涉及跑道的事故主要有冲出跑道(Overrun,从跑道端部越出跑道)、偏出跑道(Veeroff,从跑道边部越出跑道)、着陆目测低(Undershooting,未达到跑道而提前接地)和着陆目测高(Overshooting,越过跑道后才接地)。除了偏出跑道事故,缓冲地带拦阻设施以及末端拦阻网对其他 3 种事故均有减小危害作用,尤其是针对比较常见的冲出跑道事故,作用非常明显。

2.1　飞机冲出跑道的原因

机场安全管理中经常提到两个法则:一是莫非法则;二是海恩法则。前者揭示的是一种独特的社会及自然现象,它的极端表述是:如果坏事有可能发生,不管这种可能性有多小,它总会发生,并造成最大可能的破坏;后者是一个在航空界关于飞行安全的法则,它提醒我们每一起严重事故的背后,必然有 29 次轻微事故和 300 起未遂先兆以及 1000 起事故隐患[23]。用这两个法则去分析飞机起降时发生飞行事故的原因,就会发现事故原因的分类有很多。

如图 2.1 所示,Hein Rich 金字塔模型从事故的发生原因、演化程度描述了事故发生的机理。由于系统存在着隐患,各种因素、各种矛盾相互交织,相互激化,促成了事故征候的发生。飞行事故征候一般可能是发动机空中停车、危险接近、冲出跑道等。

图 2.1　Hein Rich 金字塔

虽然最终进近和着陆阶段只占飞行平均时间的 4%,超过 50% 的事故、33% 的致命事故和 22% 的死亡人数,发生在最终进近和着陆阶段。其中,24% 的致命事故、11% 的死亡人数,发生在着陆阶段,尽管着陆阶段时间仅占飞行平均时间的 1%。飞机起飞着陆时冲出跑道的原因有时是单一的,而多数情况下是多种因素综合作用的结果。归纳起来其主要原因有飞机发生故障、飞行员操纵不当以及飞行场地环境不好等。

如图 2.2 所示,如果认为有一个因素存在,如恶劣天气状况,失事的可能性为 28%;如果有两个因素存在,如天气不好,再加上飞行员操作失误,失事的可能性为 54%;天气不好,或者操作失误,都有可能引发失事,不妨估计严重一点,它们的共同结果,是有累计 82% 的可能导致失事。大的事故不会等到第三个因素发生,就已经产生了事故,如果飞机真的能坚持到第三个因素存在,这种可能性只有 4%,也就是说,如果有 3 个因素存在,飞机失事的可能性为 96%。同理,有 4 个因素存在的,飞机失事的可能性为 100%[24]。

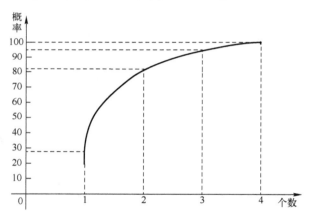

图 2.2　事故原因个数曲线(累加的数量)

2.1.1　机械故障

由于飞机自身系统或设备故障,致使飞机不能正常起飞着陆、滑跑而冲出跑道。引起飞机冲出跑道的系统故障主要有 3 个:飞机的动力系统或反推系统故障、飞机的操作系统或控制系统故障、飞机的刹车系统故障[25-28]。飞机的动力系统工作不正常,不能达到理想的工作状态,推力不能及时调节,甚至左右推力不对等,影响飞行速度与飞机姿态,影响飞机进近、着陆;反推力系统不能及时工作,或左右反推力不对等,飞机的操作系统或控制系统故障,影响飞机操作,不能调整到理想状态。特别是在飞机进近、着陆阶段,不能有效地修正航向和调整姿态,致使飞机下滑速度大、着陆点前移,飞机冲出跑道或偏出跑道。飞机操作系统或控制系统故障对飞机在跑道上滑行也是有影响的,只是相对进近、下滑阶段的影响要小一些。飞机的刹车系统故障,如刹车盘卡滞或失灵、爆胎、左右刹车力不对等,都可造成飞机冲出或偏出跑道。

2.1.2 操作不当

飞行员的技术水平是重要因素,飞行员技术不过硬、判断错误,甚至语言交流错误、不按规定操作飞机等都可能使飞机冲出跑道。飞机冲出跑道事故常常是不稳定进近造成着陆时间长、着陆速度大的后果,而不稳定进近是由于进近过程中或之前空速过大,或偏离下滑道引起的。飞行员对速度、高度和距离的判断错误,未能正确评估天气和跑道条件下所需的着陆滑跑距离,未能严格遵守进近和着陆的标准操作程序,或没有正确评估最低设备清单对着陆或刹车性能的影响,都会增加飞机冲出跑道的风险。飞行员延迟使用刹车装置、不正确的偏航修正技术,或错误使用差动刹车或反推都是发生冲出跑道事故的影响因素。飞机进近过程中的空速或下滑点的速度、飞机在下滑道的姿态、飞机在滑跑过程刹车或反推的使用操作都是飞行员应牢牢把握的。另外,飞行员与地面指挥(机场塔台管制)语言交流错误,天气或跑道情况掌握不准,也可引起冲出跑道事故。新飞行员所驾驶的飞机冲出跑道的次数较多,这是因为新飞行员在着陆时动作比较粗糙,着陆速度过大,由此往往造成阻力伞的绳子被拉断,从而滑跑距离增加,或着陆接地点掌握不好,超过 T 字灯过多,造成跑道长度不够。另外,由于是新飞行员,一旦出现故障,又往往造成心理紧张、动作变形、处置不当,致使飞机冲出跑道。

2.1.3 飞行场地环境差

根据调查,飞机冲出跑道的机场,有 70% 在环境方面存在一些不足,这些不足主要有以下几个方面:

1. 有的场址选择不够好

净空、地形条件差,使有的机场只能单向起飞、着陆,另一端不具备正常起飞、着陆的条件,其结果造成顺坡、顺风着陆的机会增多。

(1)某机场由于受地形的限制跑道东高西低,又仅能在东端设置远距导航台、近距导航台和定向台,飞机只能由东向西顺坡单向着陆,易于冲出跑道。

(2)某机场北侧净空条件比较复杂,致使不能建立标准高度航线,在南侧也只能建立非标准航线,造成飞机下降快、着陆速度大,冲出跑道机会增多。

(3)机场修建选址时对局部气象情况了解不够深入。局部气象对飞机的着陆和滑跑都有影响,恶劣天气易使飞机冲出跑道。在大雨、冰雪雾天,飞行员的视线受影响,飞行员不易寻找地标,难以对正跑道正常下滑;另外,跑道道面冰雪覆盖,或有积水、湿滑的情况下,道面摩擦系数减小,飞机容易冲出跑道。侧风和顺风过大,以及风切变是影响飞机着陆的一个重要因素,特别是风切变,它使飞机不易操纵,如处置不当,可能使飞机掉在跑道前或冲出跑道。南方某机场附近的小气候变化频繁,一年内有 1/3 以上的时间刮东风,单向起飞、着陆,刮东风时为顺风着陆,几次冲出跑道都是顺风(刮东风)时发生的,而刮西风(逆风)时从未发生飞机冲出跑道的情况。

(4)某机场的场址周围是水域、湖泊地带,跑道表面经过长期的水汽、雾气的侵蚀,其颜色已几乎与湖面颜色接近,着陆时飞行员辨认跑道困难,造成很大的心理压力,容易出现驾驶问题。

2. 有的跑道纵断面设计欠合理

(1)跑道纵向坡段数量过多,如有的机场有 7 段,还有 16 段的,着陆滑跑时,颠簸明显;有的跑道纵断面呈弓背形,视距虽然符合规范要求,但新飞行员着陆时,由于看不到另一端跑道头,心里发慌,结果造成驾驶误差增大,飞机冲出跑道撞击拦阻网,如图 2.3 所示。

端保险道　　　　　　　　　　跑道　　　　　端保险道

图 2.3　机场跑道纵断面示意图

(2)端保险道长度较小,坡度太大(北方某机场东保险道纵坡为 15.6‰,有机场达到 19.4‰),由于端保险道坡度过大,飞机在距跑道头 200m 处改为平飞后,飞行员靠目视判断飞行高度。由于端保险道与跑道头处有突变,飞行员自然会稍微拉起飞机,造成飞机着陆接地点靠后。现场观察到的情形在 T 字灯后面(靠近跑道中心一侧)轮迹较多,这就相当于跑道的有效长度缩短。冲出跑道撞网的飞机,其着陆接地点一般在 T 字灯后面较远处,如图 2.4 所示。

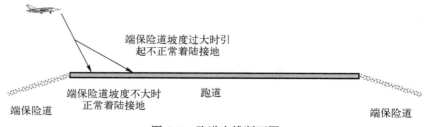

图 2.4　跑道中线断面图

（3）有的指挥塔台至跑道两端的通视条件不好,塔台管制员看不见着陆滑跑到跑道两头的飞机,无法及时指挥。

3. 跑道表面太光滑

跑道上有较大面积的油污,改变了跑道的摩擦系数,使道面摩擦力不均匀,可能导致飞机冲出跑道。还有跑道没及时维护和定期检修,出现跑道变形等情况,道面摩擦系数不一,达不到设计要求,也可导致飞机冲出跑道。北方某机场修建时,附近找不到适合道面混凝土的中砂,采用当地产的细砂拌和水泥混凝土,该机场已使用近 30 年,道面表面很光滑,着陆接地后刹车效能极差。实测道面表面平均纹理深度只有 0.2mm 左右,摩擦系数较小,飞机减速慢。

4. 跑道平整度差

北方某机场跑道平整度差的原因,是由于机场修建时板下砂基础经 30 多年的使用,在荷载和自然因素作用下,由板中心向板周边流动,造成板中心下凹,周边上翘,使道面板高低不平,平整度变坏。飞机着陆后放下前轮抖动厉害,常使空速管异常抖动。所以,飞行员为了减小飞机抖动,飞机着陆后不把前轮及时放下,用手把杆拉回来(这是违反操作规程的不得已而为之),延迟前轮接地,以减小飞机抖动。这无形中增加了飞行员着陆滑行过程中的操纵难度和心理压力,遇有特殊情况(伞放不出、断伞绳等)处置不当,就会造成飞机冲出跑道撞网。

5. 夜航灯光设施不全

目前很多机场在跑道中线和滑行道中线上都没有设置一行和地面平齐的地面标灯,使飞行员驾驶飞机很难对准跑道和滑行道中线进行滑行,且易偏出跑道。

2.1.4　降雨时道面积水

特别是在降雨天气下,道面湿滑,飞机容易在起飞滑跑和降落时发生水上漂滑而失去控制。据 NASA 的研究报告表明,飞机操纵事故中 35% 是由路表摩擦系数减小造成的。其中,道路结冰约占 28%,路表积水高达 42%,以上状态下的路表摩擦系数均低于 0.1。湿滑跑道产生的事故占比约为 30%,其路表摩擦系数处于 0.1～0.2。因此,因积水导致的路表摩擦系数降低是极其危险的,此时轮胎极易因滑水现象发生危险。

飞机的滑水现象,也称液面效应,是指飞机在路表覆盖有一层水膜的道面上滑跑时,因速度过快导致轮胎与道面间的水膜无法及时排除,于是出现飞机在水膜上漂滑的现象。这时飞机轮胎与道面的直接接触受到阻碍,水在这里起到了润滑剂的作用,使道面摩擦系数减小。道面积水时,轮胎的接地面积只有一部分直接与道面接触,其余部分由于水膜的作用与道面隔离。水膜的厚度越大,摩擦系数越低。

2.1.5 机场飞行使用细则简单

现有的机场飞行使用细则内容写得太少,未反映跑道的使用特征,飞行员对跑道状况不清,尤其是新飞行员或初次使用该机场的飞行员遇到条件不好的跑道,心理压力极大。

2.1.6 围界设施缺失

由于缺少围界设施造成跑道入侵,如车辆、设备、人员、动物突然进入跑道、滑行道等,造成飞机有时不能正常着陆从而冲出跑道撞网。

2.2 改善措施

2.2.1 加强飞机检修

冷气泄漏、刹车失效、阻力伞放不出,使所能使用的减速手段全部或部分失去作用,飞机就很容易冲出跑道撞网。要想预防这类问题发生,就要求机务人员认真检查冷气系统是否有漏气、刹车是否正常,检查减速伞安装情况,把好滑出、起飞、出航关,着陆前也应该按规定检查冷气大小。对任何情况都要做到心中有数,飞行中养成检查飞机设备的良好习惯,出现故障及时报告,正确处理。只有这样才能有效地消除或减小机械故障对所造成的不利影响。加强检修,保证飞机使用时完好。

飞机出现特殊情况并且处置余地较小时,主要在起飞阶段。这时,要果断下定离陆与不离陆决心,即飞机如果有故障,要看故障的严重程度和飞机处在起飞的什么阶段,如果发现倒杆、双发故障等,即使离陆也难以保证人机安全,就应果断中断起飞;但如果飞机故障不严重,飞机离陆,通过正常处置仍能保证人机安全,这种情况下就应在很短的时间内做出正确的选择。如果飞机的速度还没有超过本机场中断起飞的临界速度,就应果断中断起飞;如果已经超过临界速度,就应继续起飞,根据故障情况离陆后再处置。出现特殊情况,如果不顾条件中断起飞,处置不当就有冲出跑道的危险。

2.2.2 减少驾驶操纵误差

飞行员在初次使用某机场时,要求对跑道状况有较好了解。其中主要了解道面粗糙度,跑道的纵断面图,主着陆方向的视距,端、侧保险道情况等。对飞行场地条件较差的机场,要提高顺风、侧风起飞、着陆时的风速限制条件。

飞机着陆速度过大,飞行员处置不当。为防止这种情况下冲出跑道,首先要做的就是防止着陆速度过大。这要求打牢技术基础,建立好正常的航线,下滑过程中保持好正常下滑线,及时调整好速度,听从指挥。但在一些特殊情况下,如出现天气变坏、场内迫降、无线电故障得不到指挥或技术基础不牢固等情况,就容易造成着陆速度过大。一旦着陆速度过大,要沉着冷静地判断,迅速果断地做好一系列着陆动作。

加强飞行员特殊科目训练,提高其特情处置能力。针对不利气象条件、机场跑道表面污染、飞机系统或零部件故障等特殊情况,有计划、循序渐进地组织飞行员模拟训练、地面试车、跑道滑行和真实的飞行。让飞行员熟悉在跑道表面污染和不利气象条件下各类飞机的减速停机性能;熟悉反推和速度刹车分别在干的和湿滑的跑道上的减速停机性能;掌握起飞滑行一发失效时中断起飞的飞行操作技术要求;掌握在低速或高速工作状态出现主警报或系统异常时的正确措施;掌握在高速中发生轮胎故障时的正确措施,掌握正确的刹车技术和要求达到最大减速停机性能时的脚踏力;熟练中断起飞时飞机控制的转交;提高在顺风和侧风大时进近着陆的能力,如航向修正能力。对飞行员的特殊科目训练,主要是要丰富其特情处置经验,提高其实际操作能力。作为基础的分析、判断能力,如对风险的识别能力和决断力,以及飞行员的心理素质,都不应忽视,要有意识地训练,加以提高,以减少驾驶操纵误差。

2.2.3 改善跑道的表面性能

及时检查和维护跑道是保证安全使用跑道、推迟大修的必要措施。机场跑道管理部门要制定完善的道面维护检查程序,定期或及时(跑道潮湿时)测定跑道的摩擦系数,定期检测跑道的强度和性能,并通报有关部门。定期检查跑道表面,看看有没有裂缝、隆起、杂物等,一旦发现,及时修补或清除,保证跑道的平整度。经常检查胶层厚度,定期除胶。维修并保证跑道道肩地面强度能够支撑飞机。定期平整和碾压土跑道,以供飞机偏出跑道情况下使用。机场管理部门要定期对飞行区排水系统进行检查,对排水沟渠进行清理,修补存在的缺陷。下雨天气及时排水,冰雪天气及时除冰除雪。跑道表面的粗糙度太小,可采取对跑道的表面加盖沥青混凝土面层或道面水泥混凝土盖被、道面刻槽等措施,增加纹理深度至标准值以上(用填砂法量测)。对损坏比较严重的道面,可对跑道的表面加铺沥青混凝土面层(4~5cm)或水泥混凝土盖被等[29]。

2.2.4 完善助航设施

机场助航设施分为机场标志和助航灯光两部分。保持场道各类标志符合技术要求且清晰,加强助航灯光维护,保证助航灯光系统的着灯率。尤其是地处水网、湖泊地带的机场,明显的机场标志更为重要[1,30]。

2.2.5 保证良好的飞行环境

(1)尽量保证跑道的两端、两侧净空良好,至少在主着陆方向净空良好。

(2)确定跑道方向时,尽量避免正东西向,以便减弱飞机起飞、着陆时飞行员受太阳照射的影响。

(3)勘选机场时,注意当地的小气候变化,查明当地的主风向,避免主着陆方向为顺风向或常有过大的侧风。

(4)改善跑道使用性能:有良好的通视条件,供训练基地使用的机场尽量保证全场通视;跑道纵向坡度变化不宜太多,避免过近的起伏,坡度的选取一般不取极限值。当端保险道向外降坡时,距跑道端200m内坡度取值尽量不大于5‰,200m外不大于10‰;主着陆方向的纵坡尽量平缓,避免长距离、大坡度顺坡着陆;端保险道长度尽可能保证400m,外侧地形应比较平坦。

(5)机场周围设严密围界,防止飞机运行过程中人、畜进入飞行区,影响飞行安全[1,30]。

(6)尽量使机场处于城镇、湖泊的上风方向,避免城镇居民区产生的烟尘和湖泊产生的水雾影响能见度,造成进近着陆失误。

2.3 小　　结

本章通过分析飞机冲出跑道的原因,得出一起飞行事故的原因是多方面的,单一的安全漏洞在绝大多数情况下并不会造成飞行事故,只有当事故链上所有的防范措施都没有发挥作用时,事故才有可能发生。

为尽量减小飞机冲出跑道的危害,可采取一些被动的措施,如在跑道两端设置缓冲地带(阻机砂或拦阻网)。一个机场是采取哪种措施,或两种措施都采取,要根据机场的实际情况(机场等级、跑道场地的限制、使用飞机的大小)来定。

第3章 降雨条件下道面水膜厚度

雨天时飞机冲出跑道占有较大的比例。在降雨条件下,道面表面会形成水流。水流的存在会大大降低道面表面的摩擦系数,增大飞机冲出跑道的可能性。在水膜厚度比较大时,飞机轮胎在受到的动水压力、飞机重力、空气升力等各种力作用下,可能完全失去道面支撑,导致飞行事故。

3.1 试 验 方 法

为了研究降雨条件下水膜厚度,搭建水泥混凝土道面试验台,在不同降雨强度、排水长度和不同坡度下,进行人工降雨模拟试验,获得不同因素组合下的水膜厚度试验数据。在此基础上,进一步研究刻槽对道面水膜厚度的作用规律。通过对试验数据进行分析,确定各因素影响水膜厚度值的权重大小;对试验数据进行回归分析,提出针对水泥混凝土道面的水膜厚度计算公式,可用于预估不同路表状态下的各不同因素水泥混凝土道面水膜厚度值。

3.1.1 人工模拟降雨系统

自然降雨的降雨强度稳定性差,规律性不足,且可控性不好。人工模拟降雨设备可以弥补自然降雨存在的不足,为土壤侵蚀、防洪设计、区域排水和田间非饱和土水运动的研究提供良好的试验装置,解除自然降雨不稳定因素对科研条件的限制。

为了实现较好的降雨效果,保证人工模拟降雨强度的均匀性,降雨装置采用下喷式降雨器,按 0.25m 布设间距均匀布置,并用 6# 注射器针头作为喷嘴,降雨装置距离观测面 2.4m,以使雨滴成锥形充分均匀扩散。装置降雨区覆盖面积为 12m×9m,设备实物如图 3.1 所示。系统使用可编程计算机控制器(PPC)、伺服放大器和人工降雨设备建立了一套人工模拟降雨自动控制系统,如图 3.2 所示。人工模拟降雨系统可以模拟量程为 $0 \sim 3\text{mm} \cdot \text{min}^{-1}$,精度为 $0.1\text{mm} \cdot \text{min}^{-1}$ 的自然降雨。

人工模拟降雨系统主要包含四部分,即循环供水系统、下喷式降雨器、降雨执行器件和自动控制系统。各部分叙述如下:

图 3.1　人工模拟降雨设备实物图

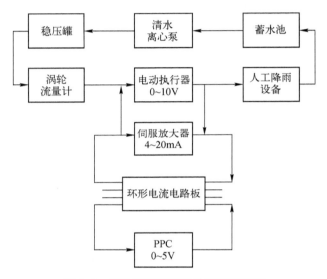

图 3.2　自动控制系统组分连接示意图

1. 循环供水系统

　　循环供水系统主要为人工模拟降雨供应源源不断的水源,使系统在一定的水量供应下得以持续运行。系统水源来源于体积为84m³的圆柱形蓄水池。通过清水离心泵,将水源从蓄水池抽入稳压罐内,使水压稳定在0.4MPa。随后,压力稳定的水源流经过滤器、雨强控制系统、供水管网,通过下喷式降雨器实现某确定强度的人工模拟降雨。降雨台有集水沟渠,可将降雨外流的水分收集,通过集水沟渠管路系统流回蓄水池,以供循环使用。

2. 下喷式降雨器

　　下喷式降雨器主要使用了6#注射器针头作为降雨喷头,设置于室内以避免外界自然条件的影响。布设时布置间距按边长为0.25m的正方形设置,以使人

20

工模拟降雨更加均匀。降雨器降雨覆盖范围可达12m×9m,降雨器与水泥混凝土道面试验台表面距离为2.4m。

3. 降雨执行器件

降雨执行器件主要包含一个电动执行器,主要用于控制水流管道阀门大小,以控制降雨强度,可由自动控制系统进行闭环自动控制,也可旋转摇杆手动控制;一个涡轮流量计,用于检测流量大小,为自动控制系统反馈流量信息;4个电磁阀,位于降雨区的4个边角处,用于排除管路中的空气,使模拟雨强更为准确,以确保人工模拟降雨系统能够安全稳定地运行。

4. 自动控制系统

系统采用了闭环控制算法,实现对降雨各种不同雨强的控制。硬件系统包括研华610L型工控机、环形电流量比对电路板及光电隔离计数板。软件系统包括基于LabView编程语言开发研制的自动控制程序。

降雨强度是指单位时间内的降雨量大小,我国多雨地区的年降雨量最大可达4000mm。中国气象上规定:24h降雨量为50mm或以上的强降雨称为暴雨,吴建军等研究认为,短时强降雨危害性更大,即3h内降雨量超过50mm会使道面积水过深。因此,本章降雨强度选取2.0mm · min^{-1}、2.5mm · min^{-1}及3.0mm · min^{-1},即可满足最大降雨强度要求。

3.1.2 水泥混凝土道面试验台

本章以水泥混凝土为道面试验材料,模拟机场水泥混凝土道面实际状况。设计试验台尺寸为6m×2m,道面板厚度为0.1m,在槽钢内直接施工成型。配合比设计方面,考虑机场水泥混凝土道面设计要求,对试验台水泥混凝土配合比进行设计。

按照工程实际要求,道面板设计抗弯拉强度为5MPa,道面混凝土选用强度等级为42.5的硅酸盐水泥配制。为保证质量,细集料用砂要求洁净、不含杂质,故选用洁净、坚硬的中、粗砂(细数模度2.3~3.0),以节约水泥和提高道面混凝土强度。常用粗集料有碎石和卵石,道面通常选用石灰石碎石,一般采用5~20mm及20~40mm两级配碎石配成,并符合表3.1中级配要求。

表 3.1 道面混凝土用碎石的级配要求

公称粒径/mm	累计筛余,按质量计								
	筛孔尺寸(圆孔筛)/mm								
	2.5	5	10	15	20	25	30	40	50
5~20	95~100	90~100	40~70	—	0~10	—	—	—	—
20~40	—	—	95~100	—	80~100	—	—	0~10	—

最终考虑机场道面的设计要求,选取道面试验台水泥混凝土设计弯拉强度标准值为 5.0MPa,根据《机场道面水泥混凝土配合比设计技术标准》,道面试验台设计配合比如表 3.2 所列。

表 3.2　道面水泥混凝土配合比

材料组成	材料用量/kg
水泥(42.5R)	320
水	131
砂(中砂)	636
石灰石碎石 5～20	557
石灰石碎石 20～40	836
计算密度(容重)= 2480kg · m^{-3}	

《水泥混凝土道面使用质量评定标准》规定,道面粗糙度用平均纹理深度来衡量。按照跑道道面粗糙度评定标准,一、二级机场要求平均纹理深度达到 0.66～1.10mm,三、四级机场要求达到 0.81～1.20mm。通常情况下,水泥混凝土机场道面表面粗糙度随使用年限的增长逐渐降低,在停机坪等部位的粗糙度较低,较低的表面粗糙度更容易积累水膜,使轮胎滑跑过程中制动困难,产生滑溜。故本次试验模拟表面粗糙度较低的道面表面特征状况,设置水泥混凝土道面试验台路表拉毛平均纹理深度为 0.6mm。

3.1.3　水膜厚度测量方法

道面水膜厚度数值较小,测量难度大。现有道面水膜厚度测量方法主要有 U 形管法、三角尺法和探针法。3 种方法测量原理及优缺点分别如下:

1. U 形管法

U 形管法主要利用了连通器的工作原理,通过 U 形管两端相同高度液面处压力相同这一特性,将路表水膜厚度测量导出至 U 形管另一端,通过观测另一端液面高度变化并读数,可确定路表水膜厚度值。其具体实施方法为在试验台中线开挖凹槽连接铸铁管,将铸铁管嵌入道面内,铸铁管末端连接一条软管并与一 U 形管相连。使用时,先向试验台表面浇水使其充分润湿,使铸铁管、U 形管内充满水分,后将 U 形管垂直放置,试验后,当试验台表面有水膜时,连通器原理会使管内水柱高度上升,其上升高度即为水膜厚度值。U 形管法测量原理如图 3.3 所示。

U 形管法设置起来繁琐复杂,需打穿道面引出道面水膜进行测量,且每个 U 形管只能对一处测点进行测量,如要多点测量需对道面进行多处挖槽,影响道面试验台的完整性,测量难度较大。

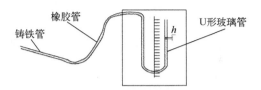

图 3.3　U 形管法连接示意图

2. 三角尺法

三角尺法是利用放大原理,将对较小的水膜厚度值的高度测量转化为确定角度下的斜度测量,从而使测量长度增加,减小相对误差对测量结果的影响,提高测量精度,如图 3.4 所示。测量时,将测量用三角尺固定于水泥混凝土道面试验台表面的水膜厚度测点位置,待水膜稳定后,读取斜度值 s,即可通过三角关系获得待测水膜厚度值 h。

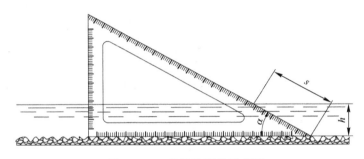

图 3.4　三角尺法测量示意图

三角尺法虽然设置起来简单方便,易于实施,但是为保证读数精度,需要三角尺所在面与试验台表面严格垂直,故设置要求较高。此外,受路表溅起水花的影响,读数界面模糊,易使读数误差增大。

此外,由示意图 3.4 可得,使用三角尺法进行测量时,由于试验台表面粗糙度的影响,微观显示下的道路表面是凹凸不平的,尺下端边缘会以道路表面最高点为水膜厚度的测量起点。道路表面水膜厚度微观示意如图 3.5 所示。道路表面水膜厚度不应只为路表最高点至水膜表面的水膜深度值 W_{FT},还应当包含路表平均纹理深度 T_{XD},即路表水膜厚度 W_D 应为路表平均纹理深度值 T_{XD} 与路表水膜深度值 W_{FT} 之和,即

$$W_D = T_{XD} + W_{FT}$$

因此,三角尺法测量的水膜厚度值仅为路表水膜深度 W_{FT},而非考虑表面平均纹理深度 T_{XD} 的真实水膜厚度值,而探针法则可以很好地解决这一问题。

23

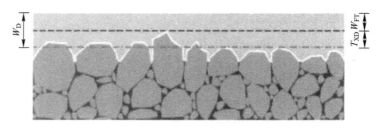

图 3.5　路表水膜厚度微观示意图

3. 探针法

探针法使用探针对道面水膜厚度进行多点测量,并取测量平均值作为水膜厚度测量结果,以减小平均纹理深度对水膜厚度差异的影响。与 U 形管法和三角尺法相比,探针法测量数值精度高,误差小,探针读数精度可达 0.1mm,故本试验采用探针法测量道面水膜厚度。

为减小人工读数及道面表面状况差异带来的试验误差,道面上同一排水长度均匀选取三个测点进行测量,并取其平均值作为水膜厚度测量结果。试验台测点位置如图 3.6 所示,实际水泥混凝土道面试验台如图 3.7 所示。

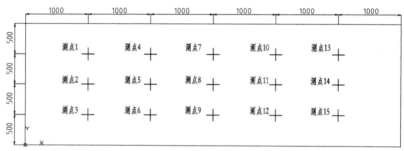

图 3.6　道面试验台水膜厚度测点位置示意图(单位:mm)

图 3.7　水泥混凝土道面试验台

24

3.2　试验结果与分析

3.2.1　试验数据

本试验最终获得了 2.0mm・min^{-1}、2.5mm・min^{-1}、3.0mm・min^{-1}三个降雨强度，1m、2m、3m、4m、5m 五个排水长度及 0.5°、1°、2°、3°、4°五个坡度下的 225 组测量数据。

为了减小降雨均匀性、测点选取位置及人工读数等因素对试验造成的误差影响，在同一排水长度的道面上均匀选取 3 个观测点测定水膜厚度，并取平均值，得到各观测点数据折线图如图 3.8 所示。

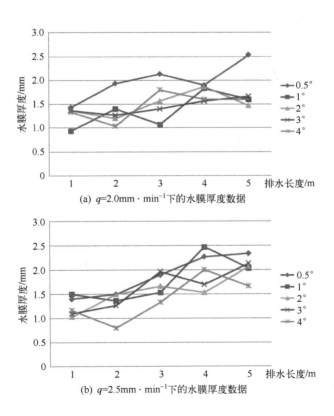

(a) q=2.0mm・min^{-1}下的水膜厚度数据

(b) q=2.5mm・min^{-1}下的水膜厚度数据

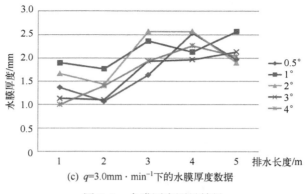

(c) $q=3.0\text{mm} \cdot \text{min}^{-1}$下的水膜厚度数据

图 3.8　水膜厚度测量结果

3.2.2　极差分析法数据分析

利用极差分析法(R 法)处理试验结果,能够确定水膜厚度影响因素的主次、各试验因素的优水平及试验范围内的最优组合。本试验采用了 3 个不同降雨强度,故选取 1m、3m、5m 三个排水长度与 0.5°、2°、4°三个道面坡度,通过极差分析法,考查三因素间的交互作用。极差分析法数据分析表如表 3.3 所列。

表 3.3　水膜厚度试验结果分析表

试验号	A 降雨强度 /(mm·min⁻¹)	B 排水长度 /m	C 坡度 /(°)	y_i /mm
1	(1)2.0	(1)1	(1)0.5	1.40
2	(1)2.0	(2)3	(2)2.0	1.67
3	(1)2.0	(3)5	(3)4.0	1.67
4	(2)2.5	(1)1	(2)2.0	1.67
5	(2)2.5	(2)3	(1)0.5	1.63
6	(2)2.5	(3)5	(3)4.0	2.03
7	(3)3.0	(1)1	(3)4.0	1.33
8	(3)3.0	(2)3	(2)2.0	1.57
9	(3)3.0	(3)5	(1)0.5	2.53
y_{j1}	4.73	4.40	5.57	$\sum\limits_{i=1}^{9} y_i = 15.50$
y_{j2}	5.33	4.87	4.90	
y_{j3}	5.43	6.23	5.03	

26

试验号	A 降雨强度 /(mm·min⁻¹)	B 排水长度 /m	C 坡度 /(°)	y_i /mm
$\bar{y}_{j1}$	1.58	1.47	1.86	
$\bar{y}_{j2}$	1.78	1.62	1.63	
$\bar{y}_{j3}$	1.81	2.08	1.68	
R_j	0.23	0.61	0.22	$\sum\limits_{i=1}^{9} y_i = 15.50$
优水平	A1	B1	C2	
主次因素	B,A,C			
最优组合	A1B1C2			

表中，y_{jk} 为第 j 因素所对应的试验指标和，$\bar{y}_{jk}$ 为 y_{jk} 的平均值，由 $\bar{y}_{jk}$ 的大小能够判断 j 因素的优水平，各因素优水平的组合即为最优组合；R_j 为第 j 因素的极差，其计算式为

$$R_j = \max[\bar{y}_{j1}, \bar{y}_{j2}, \cdots] - \min[\bar{y}_{j1}, \bar{y}_{j2}, \cdots] \tag{3-1}$$

式(3-1)中，R_j 反映了第 j 因素水平变动时试验指标的变动幅度。R_j 越大，说明该因素对试验指标的影响越大，因此也就越重要，于是可依据极差 R_j 的大小判断因素的主次。

由于工程中水膜厚度越小越好，由表 3.3 可以看出，$\bar{y}_{j1} < \bar{y}_{j2} < \bar{y}_{j3}$，因此判断 A1 为降雨强度的优水平。同理，可判断 B1、C2 分别为排水长度和道面坡度的优水平。结果表明，水膜厚度随降雨强度和排水长度的增大而增大，随坡度增加，水膜厚度减小速度逐渐变缓。

同时，计算结果表明 $R_B > R_A > R_C$。因此，三因素对试验指标影响的主次顺序为 B、A、C，说明在水泥混凝土道面水膜厚度影响因素中，排水长度起到最主要的作用，其次是降雨强度，最后是道面坡度。

3.2.3 水膜厚度回归模型

考虑影响道面水膜厚度的 3 个因素后，水泥混凝土道面水膜厚度回归模型可以表示为

$$h = \beta_0 q^{\beta_1} l^{\beta_2} i^{\beta_3} \tag{3-2}$$

式中：h 为水膜厚度(mm)；q 为降雨强度(mm·min⁻¹)；l 为排水长度(m)；i 为道面坡度，采用正切百分比的表示方法；$\beta_0, \beta_1, \beta_2, \beta_3$ 为回归系数。

对式(3-2)两边取自然对数，使之简化为多元线性方程，便可对其进行多元线性回归，有

$$\ln h = \ln\beta_0 + \beta_1\ln q + \beta_2\ln l + \beta_3\ln i \qquad (3-3)$$

令 $\ln h = y$，$\ln\beta_0 = \beta$，$\ln q = x_1$，$\ln l = x_2$，$\ln i = x_3$，则

$$y = \beta + \beta_1 x_1 + \beta_2 x_2 + \beta_3 x_3 \qquad (3-4)$$

所以式(3-3)转化为多元线性方程式(3-4)。对试验数据进行回归，得到的回归参数计算结果如表 3.4 所列。

表 3.4　回归统计参数表

自变量	系数	系数标准误	T	P
常量	-0.4785	0.1256	-3.81	0.000
$x_1(\ln q)$	0.4107	0.1031	3.98	0.000
$x_2(\ln l)$	0.29086	0.03006	9.68	0.000
$x_3(\ln i)$	-0.10015	0.02327	-4.30	0.000

由计算结果可得，方差分析得到的 P 值为 0.000，表明此回归过程估计的模型在置信度为 95% 时具有显著性，这表明至少有一个系数不为零。$\beta = -0.4785$，$\beta_1 = 0.4107$，$\beta_2 = 0.29086$，$\beta_3 = -0.10015$，3 个估计系数的 P 值均为 0.000，表明它们在置信度为 95% 时与水膜厚度显著相关。计算得到拟合优度 $R_2 = 66.1\%$，调整后的拟合优度 $R_2 = 64.5\%$，两个值都表明模型与数据拟合得较好。预测的 $R_2 = 61.34\%$，与 R_2 以及调整后的 R_2 值都很接近，因此模型并没有过度拟合，所以具有足够的预测能力。

因变量 $y(\ln h)$ 的残差正态概率图与频率直方图如图 3.9 所示。图中的数据点形成了一条直线，说明数据残差呈正态性分布，且残差随机分布在直线的两侧，说明模型拟合值与试验数据的拟合程度好，拟合模型可靠。

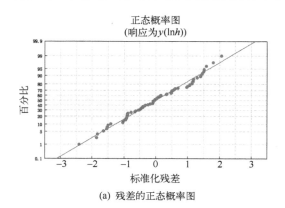

(a) 残差的正态概率图

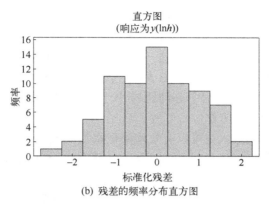

直方图
(响应为$y(\ln h)$)

(b) 残差的频率分布直方图

图 3.9 残差的正态概率图与频率分布直方图

因此,水泥混凝土道面水膜厚度回归模型为

$$h = 0.6197q^{0.411}l^{0.291}i^{-0.100} \qquad (3-5)$$

分析式(3-5)可得,影响水泥混凝土道面水膜厚度的 3 个因素中,降雨强度和排水长度与路表水膜厚度呈正相关,而道面坡度与路表水膜厚度呈负相关。

3.3　刻槽对水膜厚度的影响

雨天情况下飞行,保证飞机轮胎与道面间有足够的摩擦力,是防止轮胎打滑和方向失控的重要保证,对确保飞机滑跑安全具有重要作用。现阶段,提高机场水泥混凝土道面路表抗滑性能,增大其表面摩擦力的主要方法是采取拉毛刻槽等表面处理措施,提升其路表构造纹理深度。其中,刻槽能为机场道面迅速排除路表水膜提供宣泄通道,减小水膜厚度作用明显。

本节在拉毛水泥混凝土道面水膜厚度试验研究的基础上,对试验台进行表面刻槽处理,并在 2.0mm·min⁻¹、2.5mm·min⁻¹、3.0mm·min⁻¹三个不同降雨强度,1m、2m、3m、4m、5m 五个不同排水长度及 0.5°、1°、2°、3°、4°五个不同坡度下,进行人工模拟降雨试验,获得不同因素组合下的道面水膜厚度值,研究刻槽对水泥混凝土道面水膜厚度的影响。

3.3.1　刻槽参数选择

关于刻槽参数的选择国内外研究成果众多,选取原则也不尽相同。

美国水泥协会(PCA)和 AASHTO 等以保证行车安全为主要目标,推荐选用 3.2~4.0mm 槽深,2.3~3.2mm 槽宽以及 12~25mm 槽中心间距的横向刻槽尺寸参数。美国混凝土协会规定:横向刻槽参数应大于 3mm,槽深应小于 6mm,槽中心间距应在 12~25mm 的范围内取值。

研究表明,等槽中心间距的刻槽方式会在行车时产生连续的峰值噪声,采用不等间距刻槽方式可有效解决这一问题。故美国联邦公路局(FHWA)考虑噪声影响,建议选择槽宽 3mm(±0.5mm)、槽深 3~6mm、槽中心间距在 10~57mm 间随机变化(50%的槽中心间距应小于 25mm)的槽宽小、槽深大且槽中心间距不等的横向刻槽方法。

采用纵向刻槽的方式也可以有效地降低水泥混凝土的路面噪声,英国推荐采用槽宽 5mm、槽深 2mm 的纵向刻槽方式。我国在水泥混凝土刻槽参数选择上做了如下规定。

《公路水泥混凝土路面设计规范》做出规定:水泥混凝土路面可采用拉毛、刻槽等措施改善路表状况。道路表面构造深度在建立初期应达到规定要求的范围,其中一般路段高速公路要求为 0.70~1.10mm,其他公路为 0.50~0.90mm;特殊路段的高速公路要求为 0.80~1.20mm,其他公路为 0.60~1.0mm。

我国高速及一级公路,在刻槽参数上,通常选择槽宽、槽深为 3~5mm,槽间距 20mm 的横向等间距刻槽参数,槽型断面多以矩形为主。相比我国高速及一级公路,国内水泥混凝土道面的机场跑道多采用横向矩形刻槽方式,参数为槽宽 6mm、槽深 6mm、槽间距 32mm。

国际民航组织也对机场跑道刻槽方式进行了相关规定,要求在跑道纵向全长上进行横向刻槽,且刻槽起始边距要小于跑道边 3m。跑道刻槽参数取值方式有两种,分别为 6mm×6mm×32mm、3mm×3mm×25mm。

综上所述,横向等间距的矩形断面刻槽方式仍然是现今我国各类水泥混凝土道路所采取的主要刻槽方式。在刻槽参数的选择上,按照国际民航组织规定以及我国水泥混凝土道面的机场跑道常用横向矩形刻槽参数作为选取原则,本试验选取机场跑道常用参数 6mm×6mm×32mm,使用刻槽机对水泥混凝土道面试验台进行刻槽处理。道面试验台刻槽参数示意图及实物图如图 3.10 所示。

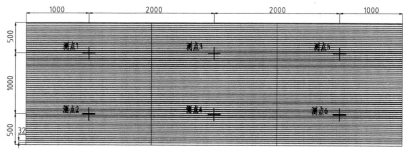

(a) 刻槽参数示意图

(b) 刻槽水泥混凝土道面试验台

图 3.10　道面试验台刻槽示意图

3.3.2　刻槽道面试验数据

与拉毛水泥混凝土道面试验相似,本试验最终获得了刻槽水泥混凝土道面试验台在 2.0mm·min⁻¹、2.5mm·min⁻¹、3.0mm·min⁻¹三个降雨强度,1m、2m、3m、4m、5m 五个排水长度及 0.5°、1°、2°、3°、4°五个道面坡度下的 225 组测量数据。

为减小误差影响,在同一排水长度的道面上均匀选取 3 个观测点测定水膜厚度,并取其平均值,得到各观测点数据折线图,如图 3.11 所示。

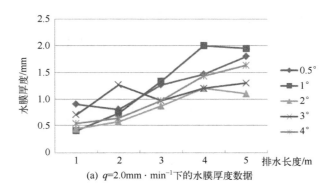

(a) q=2.0mm·min⁻¹下的水膜厚度数据

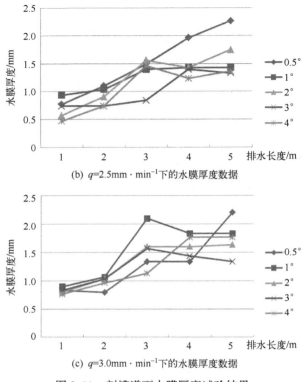

(b) q=2.5mm·min⁻¹下的水膜厚度数据

(c) q=3.0mm·min⁻¹下的水膜厚度数据

图 3.11　刻槽道面水膜厚度试验结果

3.3.3　不同路表特征试验结果对比

为研究刻槽对道面水膜厚度的影响,将拉毛道面水膜厚度试验结果与刻槽道面试验结果进行对比处理。为突出刻槽因素对水膜厚度的影响作用,把试验中 0.5°、1°、2°、3°、4°五个坡度下的水膜厚度值取平均值作为比较数据,对同一降雨强度下不同表面特征的水膜厚度值进行对比分析,得到数据对比表及曲线对比图,分别见表 3.5 及图 3.12。

表 3.5　不同路表特征下的水膜厚度数据对比

排水长度/m	q = 2.0mm·min⁻¹			q = 2.5mm·min⁻¹			q = 3.0mm·min⁻¹		
	拉毛	刻槽	离差	拉毛	刻槽	离差	拉毛	刻槽	离差
1	1.03	0.59	42.3%	1.24	0.69	44.1%	1.41	0.83	41.5%
2	1.19	0.80	32.6%	1.29	0.90	30.1%	1.35	0.98	27.6%
3	1.59	1.08	32.2%	1.68	1.35	19.4%	2.09	1.55	25.9%

排水长度/m	$q=2.0\mathrm{mm}\cdot\mathrm{min}^{-1}$			$q=2.5\mathrm{mm}\cdot\mathrm{min}^{-1}$			$q=3.0\mathrm{mm}\cdot\mathrm{min}^{-1}$		
	拉毛	刻槽	离差	拉毛	刻槽	离差	拉毛	刻槽	离差
4	1.75	1.46	16.7%	1.99	1.49	25.1%	2.29	1.59	30.5%
5	1.77	1.56	12.2%	2.05	1.63	20.4%	2.12	1.75	17.3%
平均值	1.10	1.47	27.2%	1.21	1.65	27.8%	1.34	1.85	28.6%

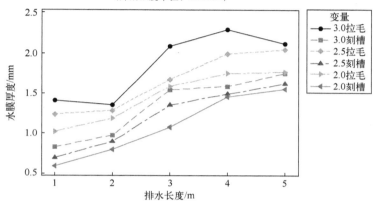

不同雨强及路表状况下水膜厚度对比曲线

（降雨强度单位：mm/min）

图 3.12　不同雨强及路表状况下的水膜厚度对比曲线图

由表 3.5 可以看出,相同降雨强度和排水长度下,与拉毛水泥混凝土道面相比,刻槽道面水膜厚度值明显减小,刻槽对道面水膜厚度的平均减小幅度接近 30%。此外,由表中各降雨强度下,离差值随排水长度的变化规律可得,排水长度越小,刻槽因素对减小水膜厚度值的作用效果越明显,与未刻槽仅拉毛的水泥混凝土道面水膜厚度值相比,其减小幅度均超过 40%;随排水长度的增加,水膜厚度不断增加,刻槽作用效果有所减弱。

由图 3.12 可以看出,道面水膜厚度随排水长度的增大而增大。在试验采用的 2.0mm·min⁻¹、2.5mm·min⁻¹、3.0mm·min⁻¹ 三种降雨强度下,在同一排水长度上,刻槽道面的水膜厚度值均小于拉毛水泥混凝土道面的水膜厚度值;其中,3.0mm·min⁻¹ 降雨强度下的拉毛水泥混凝土道面的水膜厚度值最高,2.0mm·min⁻¹ 降雨强度下的刻槽水泥混凝土道面水膜厚度值最低,其余水膜厚度值按照先拉毛后刻槽、降雨强度由高到低的顺序依次减小。

3.3.4　刻槽道面水膜厚度回归模型

上面通过相关试验数据回归得到了含降雨强度、排水长度和道面坡度 3 个因素影响下的水泥混凝土道面水膜厚度回归模型,但是没有考虑道面表面粗糙度这一重要因素对道面水膜厚度造成的影响,使得公式应用受到限制。

因此,考虑道面表面粗糙度对水膜厚度造成的影响,在刻槽参数取值为6mm×6mm×32mm下,对试验数据进行回归,得到包含道面表面粗糙度影响因素下的水膜厚度回归模型。试验按照《手工铺砂法测定路面构造深度试验》中的操作方法,采用铺砂法对刻槽水泥混凝土道面进行路面表面构造深度试验,测得其路面表面平均构造深度为 0.92mm。

考虑影响道面水膜厚度的降雨强度 q、排水长度 l、道面坡度 i 和路表平均构造纹理深度 TD 这 4 个因素后,水泥混凝土道面水膜厚度回归模型可以表示为

$$h = \gamma_0 q^{\gamma_1} l^{\gamma_2} i^{\gamma_3} TD^{\gamma_4} \tag{3-6}$$

式中:h 为水膜厚度(mm);q 为降雨强度(mm · min^{-1});l 为排水长度(m);i 为道面坡度,采用正切百分比的表示方法;TD 为路面表面构造深度(mm);γ_0,γ_1,γ_2,γ_3,γ_4 为回归系数。

对式(3-6)两边分别取自然对数,使之简化为多元线性方程,便可对其进行多元线性回归,即

$$\ln h = \ln \gamma_0 + \gamma_1 \ln q + \gamma_2 \ln l + \gamma_3 \ln i + \gamma_4 \ln TD \tag{3-7}$$

令 $\ln h = y$,$\ln \gamma_0 = \gamma$,$\ln q = x_1$,$\ln l = x_2$,$\ln i = x_3$,$\ln TD = x_4$,即有

$$y = \gamma + \gamma_1 x_1 + \gamma_2 x_2 + \gamma_3 x_3 + \gamma_4 x_4 \tag{3-8}$$

则式(3-7)转化为多元线性方程式(3-8)。对试验数据进行多元回归,得到的回归参数计算结果如表 3.6 所列。

表 3.6　回归统计参数表

自 变 量	系 数	系数标准误	T	P
常量	−1.1919	0.1214	−9.82	0.000
$x_1(\ln q)$	0.49610	0.09546	5.20	0.000
$x_2(\ln l)$	0.43235	0.02785	15.53	0.000
$x_3(\ln i)$	−0.10507	0.02124	−4.95	0.000
$x_4(\ln TD)$	−0.95246	0.07598	−12.54	0.000

由计算结果可得,方差分析结果中的 P 值为 0.000,表明此回归过程估计的模型在置信水平为 0.05 时具有显著性,这表明至少有一个系数不为零。$\gamma = -1.1919$,$\gamma_1 = 0.49610$,$\gamma_2 = 0.43235$,$\gamma_3 = -0.10507$,$\gamma_4 = -0.95246$,4 个估计系数的 P 值均为 0.000,表明它们在置信水平为 0.05 时与水膜厚度显著相关。计

算得到的拟合优度 $R_2 = 75.8\%$ 与调整后的拟合优度 $R_2 = 75.1\%$，两个值都表明模型与数据拟合得较好。预测的 $R_2 = 73.87\%$，与 R_2 以及调整的 R_2 值都很接近，因此模型并没有过度拟合，所以具有足够的预测能力。

因变量 $y(\ln h)$ 的残差正态概率和频率分布直方图如图 3.13 所示。图中的数据点形成了一条直线，说明数据残差呈正态分布，且残差随机分布在直线的两侧，说明模型拟合值与试验数据的拟合程度好，拟合模型可靠。

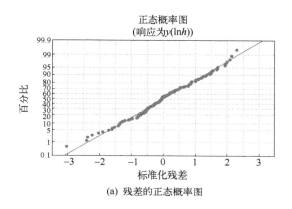

(a) 残差的正态概率图

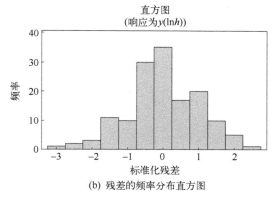

(b) 残差的频率分布直方图

图 3.13 残差的正态概率图和频率分布直方图

因此，水泥混凝土道面水膜厚度回归模型为

$$h = 0.3036 q^{0.496} l^{0.432} i^{-0.105} \mathrm{TD}^{-0.952} \tag{3-9}$$

分析式 (3-9) 可得，影响水泥混凝土路表水膜厚度的 4 个因素中，降雨强度及排水长度与路表水膜厚度呈正相关，而道面坡度及路面表面构造深度与路表水膜厚度呈负相关。

3.4 小　　结

国内外现有的道面表面水膜厚度试验中多为沥青道面试验数据,水泥混凝土道面水膜厚度试验数据较少。本次试验得到如下结论:

（1）极差分析法对数据的分析结果表明,影响拉毛水泥混凝土道面水膜厚度的因素中,排水长度起最主要作用,降雨强度次之,道面坡度作用最小。

（2）由水泥混凝土道面水膜厚度回归模型可得,降雨强度、排水长度及道面坡度与水膜厚度显著相关。其中,水膜厚度与排水长度和降雨强度呈正相关,与道面坡度呈负相关,得到的拉毛水泥混凝土道面水膜厚度回归模型为

$$h = 0.6197q^{0.411}l^{0.291}i^{-0.100} \quad (R_2 = 66.1\%)$$

（3）刻槽可为道面水膜提供额外宣泄渠道,在减小水膜厚度方面作用明显,其减小幅度可达 30%,且排水长度越小,刻槽因素作用效果越明显。随排水长度的增加,刻槽因素作用效果有所减弱。

（4）采用多元回归分析的方法得到了水泥混凝土道面水膜厚度与降雨强度、排水长度、道面坡度、路表构造纹理深度的关系模型,即

$$h = 0.3036q^{0.496}l^{0.432}i^{-0.105}\text{TD}^{-0.952} \quad (R_2 = 75.8\%)$$

第4章　基于计算流体力学的
飞机轮胎滑水仿真

飞机在有水膜的道面上高速滑行时,会受到道面支反力、重力、空气升力和动水压力等的作用。当动水压力足够大,轮胎失去道面支撑,可能导致飞机偏出或冲出跑道,造成飞行事故。

现今国内外关于滑水现象的研究方法主要有试验解析法和数值模拟方法。试验解析法应用范围广泛,可以应用到轮胎在水膜道面上测试的各个方面。由于试验解析法采用了真实的试验,故其结果真实可信,可靠性高。但试验解析法需要有良好的试验条件,对试验环境和设备要求都比较高,通常花费昂贵,这也导致试验解析法的应用常常受到限制。

随着数值模拟方法和计算机技术的不断发展,基于计算流体力学(Computational Fluid Dynamics)的轮胎滑水现象研究应运而生。通过建立三维有限元滑水仿真模型,设定合适的边界条件和求解器,可以动态模拟轮胎发生滑水的实际过程。与试验解析法相比,数值模拟方法省时省力,成本低廉,研究高效。但数值模拟方法通过计算机仿真获得数据,其计算结果需要通过一定的真实试验进行校核,以保证仿真结果的准确性和可靠度。

4.1　仿真试验原理

本仿真试验基于流体力学理论,通过模拟 NASA 滑水试验所用 ASTM E524 轮胎在有水膜的道面上行驶时的实际状态,建立三维有限元模型,得到不同滑跑速度下的动水压强值,并将仿真结果与 NASA 滑水试验数据进行对比,对仿真模型进行了验证;在此基础上,建立某型飞机前轮不同因素下,在道面上滑跑的三维有限元模型,得到其动水压力曲线。

4.1.1　滑水机理

当轮胎在有水膜的道面上行驶时,路表水膜会在轮胎的挤压作用下产生流体动压力。由于流体动压力的存在,一方面,轮胎旋转受到阻碍,变得更加困难,严重情况下会使轮胎转速下降甚至停转;另一方面,若轮胎行驶速度过快,则表面水膜无法在短时间内迅速排出,会导致轮胎与道面被水膜隔绝,使轮胎脱离道面,最终发生完全滑水现象。

滑水过程发生时,轮胎与道面间的接触会存在 3 种不同的接触区域,分别为完全上浮区、不完全接触区以及完全接触区,如图 4.1 所示。A 区为完全上浮区,动水压力足以把轮胎抬起,使之与道面完全脱离,此时轮胎无法产生任何制动力或驱动力。B 区表示不完全接触区,B 区水膜积水大量流散,接触面积构造凸处的积水被排出形成干燥区,而构造凹处仍留有一层水膜,使轮胎与道面部分分离。C 区为完全接触区,位于整个接触区域的后部,该区域由于水膜积水被完全排除,故轮胎与道面完全接触,此时轮胎在竖直方向上受力平衡,并沿轮胎滚动方向产生牵引力或驱动力。

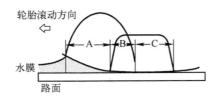

图 4.1　滑水现象机理图

当轮胎在有水膜的道面上行驶时,通常会同时存在以上 3 个区域。C 区是轮胎与道面产生附着力的主要区域,确保轮胎仍保有部分操纵性,B 区次之。A 区由于轮胎与道面完全脱离,故不存在任何附着力,同时,水膜由于轮胎的挤压作用会产生对轮胎的反作用力,其水平方向分量为阻碍轮胎前进的阻力,垂直分量会对轮胎产生上浮作用,使轮胎脱离道面。A、B、C 3 个区域在行驶过程中会随着滑跑速度的增大而变化,使水膜无法及时从轮胎与道面间隙中排出,其中 A 区会逐渐增大,B 区、C 区会逐渐减小。当轮胎速度增大到某一临界值时,C 区会完全消失,此时轮胎与道面完全脱离,悬浮于水膜之上,此时轮胎发生完全滑水现象,失去操纵性,极易发生各类危险事故。

4.1.2　滑水类型

根据轮胎滑水产生的机理,滑水类型主要有以下 3 种:

1. 动态滑水(Dynamic hydroplaning)

动态滑水现象的产生是由于轮胎高速行驶导致水膜产生对轮胎的动水压力,使轮胎上浮,与道面的接触面积减小。在轮胎行驶速度较低时,积水可通过轮胎两侧、胎面花纹或道面沟槽等宣泄渠道排出,此时轮胎与道面接触面积减少,两者不完全接触,故称为部分滑水现象。当轮胎行驶速度过大,导致积水宣泄渠道不能将积水完全排出时,道面积水产生的巨大动水压力便会将轮胎完全举起,使得轮胎与道面间形成隔绝层,此时轮胎将完全脱离道面,即为完全滑水现象。

2. 黏性滑水(Viscous hydroplaning)

黏性滑水现象是由于道面上的水膜存在不正常区域,如轮胎橡胶残留污染集中的接地区。这些区域形成液体层,阻隔了轮胎与道面之间的正常接触,轮胎便极易发生黏性滑水。黏性滑水现象在任何时速下都有发生的可能,而且其所需的积水厚度与动态滑水情况相比要薄得多。与动态滑水现象一样,黏性滑水不会在轮胎或跑道表面留下任何痕迹。

3. 橡胶(硫化)还原滑水(Reverted rubber hydroplaning)

橡胶还原滑水一般发生在不安装防滞刹车系统的轮胎上。如果轮胎在接地时被锁定了,那么被锁定的轮胎与道面产生摩擦,不断生热,会使轮胎橡胶熔化,同时轮胎与道面间的积水层在高温作用下汽化。汽化的水蒸气会使轮胎中心向上方鼓起进而脱离道面,而轮胎边缘保持与道面的接触状态,从而形成一个被轮胎胎面罩住的内部为水蒸气的钟形密封罩,这就是橡胶还原滑水产生的原因。与前两种滑水现象不同,橡胶还原滑水会在轮胎上留下明显特征,而且会在跑道上留下清晰的印记。

在以上 3 种不同的滑水类型中,动态滑水是最为常见也是最容易发生危险的滑水类型,因此,下面研究的滑水类型均为动态滑水。

4.1.3 仿真试验设计流程

通过使用计算流体力学软件,能够建立 NASA 滑水试验所用 ASTM E524 型光面轮胎的三维有限元模型,并通过调整模型中的滑跑速度,得到轮胎在不同速度下的动水压强值。

使用 NASA 滑水试验数据对仿真模型所得结果进行对比,确认仿真模型的准确性和可信度。在此基础上,使用飞机前轮轮胎作为滑水现象研究对象,建立其三维有限元滑水仿真模型。通过调整模型中不同影响因素取值,获得前轮在不同状态下的动水压强值,从而对其雨天滑跑安全性进行分析。

仿真试验思路流程图如图 4.2 所示。

4.1.4 仿真设置

1. 有限元模型

进行数值模拟时,首先要通过三维建模软件建立流体计算域的三维模型。研究表明,计算域的大小会对模拟结果产生 5% ~ 10% 的误差,计算域足够大能够减小远场的影响。通过比较其他学者的滑水模型及选用的轮胎参数的大小,最终选定本模型采用的计算域尺寸为:长 1000mm,宽 1000mm,高度为仿真试验选用水膜厚度值。对流体计算域模型进行布尔运算,减去试验轮胎所占区域,可得滑水现象仿真模型,如图 4.3 所示。

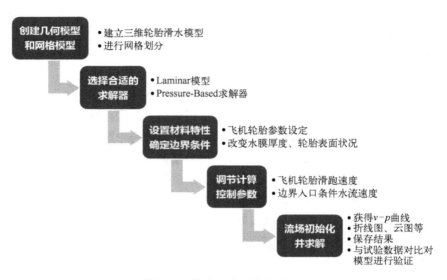

图 4.2　仿真试验思路流程图

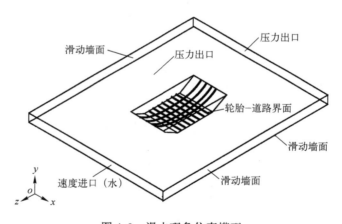

图 4.3　滑水现象仿真模型

2. 网格划分

建立了整个滑水模型的计算区域后,需要将几何模型的外表面和整个计算区域进行空间网格划分。网格的数量和质量都会对计算速度和计算结果的准确性产生很大的影响。

3. 边界条件及初始值的确定

边界条件即为流场变量在计算边界上应该满足的数学物理条件,其与初始条件一起称为定解条件。只有在定解条件确定后,流场才有唯一解。边界条件和初始条件的设定要与现实情况相符合,且其设定值的不同会直接影响仿真结果的准确性和收敛性,同时会影响迭代次数与仿真时间。

在进行滑水模型边界条件设定时,理论上可以模拟真实情况下轮胎在整个道面上滑跑的三维模型,这就要求建立整个跑道长度上水膜的完整模型,这样不仅使模型中流体单元数量巨大,也会极大地增加计算成本和计算时间。通过相对运动原理,若以轮胎模型作为参照物,则水膜和道面可以看作是以轮胎滑跑速度相对于轮胎运动,这样就极大地简化了计算域模型,使计算范围大大减小,计算的效率大大提高。

滑水模型中使用到的边界条件大致有以下几类:

(1) 速度入口边界条件。速度入口边界条件使用入口处的流场速度及相关流动变量作为边界条件。滑水模型中水膜以恒定的速度朝轮胎方向运动,因此,可将模型前端面设置为水的速度入口。

(2) 压力出口边界条件。压力出口边界条件在流场出口边界上定义静压,而静压的值仅在流场为亚声速时使用。如果出口边界流场速度达到了超声速,则边界压力将从流场内部使用插值得到。滑水模型中,将模型后端面及上表面设置为压力出口条件,由于轮胎在道面上滑跑时,其速度均为亚声速,故可在压力出口面板的中输入水流出口压力为0Pa。

(3) 壁面边界条件。滑水模型中,可将模型下表面和侧面设置为壁面边界条件。在设置中,默认将无滑移条件作为默认设置。考虑实际滑水现象,应将模型中下表面和侧面定义为有切向运动速度的平移壁面。在初始化设置中,定义移动方向与流体运动方向相一致,并定义其壁面运动速度为轮胎滑跑速度。

(4) 流体模型设定。在进行仿真计算的过程中,需要根据计算的问题选择适当的物理模型,物理模型包括多相流模型、能量模型、湍流模型、辐射模型、热交换模型、多组分模型、离散项模型、噪声模型等。

在实际滑跑过程中,轮胎以一定速度在覆有水膜的道面上行驶时,轮胎是运动的,而水膜是不动的,故水膜内水分子相对静止,不存在上下运动等掺混情况。仿真过程中,为减少模型单元数量,提高计算效率,模型以轮胎为参照物,水膜以轮胎水平滑跑速度相对轮胎运动,故水膜内流体应只含有流向轮胎的水平速度,流动过程中两层之间不存在掺混现象,这种流体的流动状态属于层流。

4.2 NASA 滑水仿真模型

与真实试验的方法相比,数值模拟方法省时省力,成本低廉且计算效率高,能直观地反映计算结果,便于对流体进行细致的研究。真实试验是认识客观现实的有效手段,通过真实试验取得的数据也是对各种研究结果最有力的证明。因此,仿真计算所得结果必须与真实试验数据进行对比,来验证其理论分析及数值模拟结果的正确性。

4.2.1 模型建立

在滑水试验研究方面,最著名的莫过于 Horne 和 Dreher 于 1963 年进行的 NASA 轮胎滑水试验。研究表明,轮胎内压力大小是轮胎临界滑水速度的最主要影响因素,并得出了现今仍得到广泛应用的 NASA 著名滑水方程:

$$v = 6.36\sqrt{p} \tag{4-1}$$

式中:v 为临界滑水速度(km/h);p 为轮胎内压(kPa)。

1. 轮胎模型

试验所用轮胎模型为 NASA 滑水试验所用轮胎,即型号为 ASTM E524 标准光滑轮胎,如图 4.4 所示。试验中轮胎充气压力为 186.2kPa,试验道面水膜厚度为 7.62mm,仿真模型严格按照 ASTM E524 标准光滑轮胎参数进行建模,仿真计算建立的 ASTM E524 轮胎模型如图 4.5 所示。

图 4.4 NASA 滑水试验 ASTM E524 真实轮胎

轮胎由于自身承受荷载,与道路路面发生接触时,会发生相应的变形。为了研究方便,我们一般会把二者的接触面积简化为平面来进行相关处理。要使滑水仿真模型贴近实际,使仿真结果更为准确,需要确定轮胎接地时的变形量的大小。一般规定,轮胎变形量的大小用轮胎变形压缩系数表示,即轮胎产生的径向变形量与轮胎断面高度的比值,通常用百分数来表示。

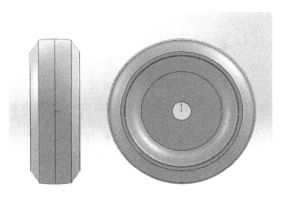

图 4.5　仿真计算建立 ASTM E524 轮胎模型

匈牙利学者 G. Komandi 使用不同尺寸轮胎在不同气压条件下,在混凝土路面上进行了大量试验,并对试验数据进行了大量分析,得到的轮胎变形模型的经验公式为

$$\delta = c_1 \frac{F_z^{0.85}}{B_0^{0.7} D^{0.43} p_i^{0.6}} K \qquad (4\text{-}2)$$

式中:δ 为轮胎径向变形量(cm);c_1 为与轮胎设计有关的参数,对于不同轮胎,其取值是不同的,对于斜交轮胎 $c_1 = 1.15$,子午线轮胎 $c_1 = 1.5$;K 为常数,取值为 $K = 15\times10^{-3}\times B_0 + 0.42$;$D$ 为轮胎外径(cm);B_0 为轮胎宽度(cm);p_i 为轮胎充气压力(100kPa);F_z 为单轮静载(kN)。

代入 NASA 滑水试验所用 ASTM E524 标准光滑轮胎相应参数,由式(4-2)可以计算出试验中轮胎压缩变形量为

$$\delta = 1.15 \times \frac{480^{0.85}}{14.86^{0.7}\times70.3^{0.43}\times1.65^{0.6}} \times (15\times10^{-3}\times14.86+0.42) = 2.53\text{cm}$$

由计算可得,在建立 NASA 滑水试验仿真模型时,应取轮胎压缩变形量为 2.53cm。

2. 网格划分

NASA 滑水试验选取的水膜厚度为 7.62mm,故建立模型时,计算域尺寸选取 1000mm×1000mm×7.62mm,并对 ASTM E524 轮胎进行布尔运算获得其计算域三维模型,如图 4.6 所示。

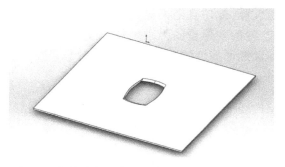

图 4.6 仿真计算所建 NASA 试验流体计算域模型

模型采用非结构化网格划分方法,与结构化网格相比,非结构化网格划分方法能够解决任意形状和任意连通区域的网格划分问题,从而提高网格划分质量,确保仿真的质量和效率。NASA 滑水试验三维有限元模型如图 4.7 所示,该模型共有 202290 个网格单元,通过对网格生成质量进行检测,结果显示 99.9% 的网格正交质量达到 1,说明网格生成质量优异。

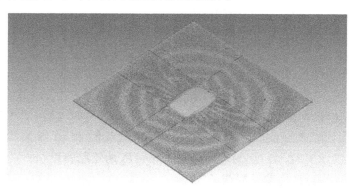

图 4.7 NASA 滑水试验三维有限元模型

4.2.2 仿真结果分析

计算过程中,改变模型水流入口速度边界条件值,使其在 0~320km/h 内均匀变化,通过轮胎滑水有限元模型,得到不同速度下的动水压强值,部分进口速度下的仿真结果如图 4.8 所示。

图 4.8 所示为 ASTM E524 标准光滑轮胎在 7.62mm 水膜上行驶时,在速度分别为 60km/h、90km/h、120km/h 速度下轮胎所受的动水压强值分布图。对比图 4.8(a)、(b)、(c)三张图可以看出:随着滑跑速度的增加,流体域动水压强最大值出现在轮胎前端形成的雍水区,其作用在轮胎上会对

轮胎产生较大的动水压强,且轮胎所受雍水区动强压力随滑跑速度的增大持续增长。

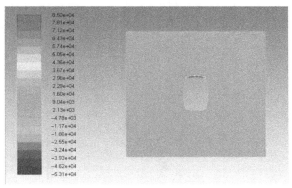

(a) 滑跑速度v=60km/h时动水压强

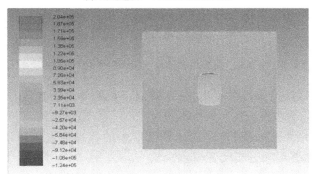

(b) 滑跑速度v=90km/h时动水压强

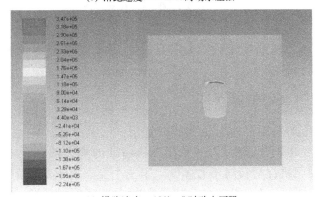

(c) 滑跑速度v=120km/h时动水压强

图 4.8　仿真结果

4.2.3　模型可靠性验证

为验证所建立 NASA 滑水仿真模型的正确性,将模型仿真结果与 NASA 公式试验结果进行对比,对比曲线如图 4.9 所示。

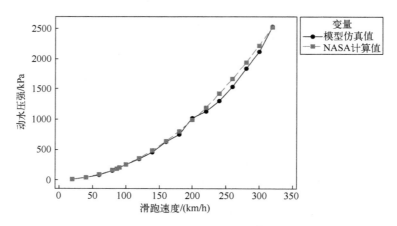

图 4.9　模型仿真值与 NASA 计算值对比图

由图 4.9 对比结果可以看出,仿真模型得到的动水压强值与 NASA 试验获得的数据结果非常接近,最大离差不超过 10%。所建三维滑水仿真模型计算结果与实际试验结果相一致,建立的计算模型中的各参数设置正确,与真实试验吻合度较高,能够用来分析实际滑水现象。

4.3　飞机轮胎滑水模型

本节以某型飞机前轮轮胎作为研究对象,通过建立三维滑水仿真模型,对其滑水现象进行研究。

4.3.1　滑水仿真模型建立

某飞机起落架采用了前三点式的配置形式。前三点式的两个主起落架左右对称地安置在飞机重心稍后处,承担飞机荷载的绝大部分,左右主轮有一定的距离,可保证飞机在滑行时不致倾倒。第三个支点前起落架则位于飞机头部的下方,远离飞机重心处,可避免飞机刹车时出现翻倒的危险。由于前起落架承受的飞机荷载较小,故与主轮相比,其更易因动水压力作用而改变受力平衡状态,从而发生滑水现象,引发事故危险,故建立飞机前轮滑水模型对研究其滑跑安全有着重要的意义。

1. 沟槽轮胎模型

轮胎主要技术数据如表 4.1 所列,其沟槽轮胎外形尺寸如图 4.10 所示。

表 4.1　起落装置主要技术数据

名　称	主　轮	前　轮
轮胎尺寸/mm	800×200 无内胎	500×180 无内胎
轮胎气压/MPa	0.83+0.05	0.74+0.05
主轮距/mm	2772±20	
前、主轮距/mm	4707±20	

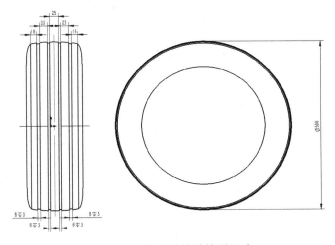

图 4.10　飞机沟槽轮胎外形尺寸

轮胎接地时由于飞机荷载作用,会产生变形。由轮胎变形经验式(4-2),代入前轮各项参数,可得其变形量为

$$\delta = 1.15 \times \frac{967^{0.85}}{13.5^{0.7} \times 50^{0.43} \times 7.4^{0.6}} \times (15 \times 10^{-3} \times 13.5 + 0.42) = 2.23 \text{cm}$$

故建立前轮三维模型时,应取轮胎压缩变形量为 2.23cm,建立前轮模型如图 4.11 所示。建立水膜计算流体域尺寸为 1000mm×1000mm×7.62mm,使用布尔运算减去轮胎所占据水膜内体积,得到的前轮流体计算域模型,如图 4.12 所示。对流体计算域模型进行网格划分,最终得到其流体计算域的三维有限元模型,如图 4.13 所示。该模型共有 723696 个网格单元,通过对模型网格进行质量检测,结果显示 99.9% 的网格正交质量达到 0.7 以上,说明网格生成质量优异,可用于仿真计算。

图 4.11　前轮三维模型

图 4.12　沟槽前轮流体计算域模型

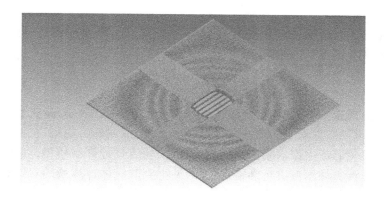

图 4.13　沟槽前轮三维有限元模型

2. 光面轮胎模型

通常情况下,飞机随服役年限的增加,轮胎会不断经历起飞和降落过程。常年与道面的摩擦作用会使轮胎沟槽深度越来越浅,轮胎磨损情况下的起飞滑跑与降落更为常见和普遍。

沟槽变浅使得轮胎在有水膜的道面上行驶时,更易发生滑水现象,更具危险性。因此,建立前轮光面情况下的滑水仿真模型,研究其滑水现象,具有十分重要的意义。出于安全性和可靠性的考虑,在建立了沟槽轮胎滑水模型的基础上,进一步建立前轮沟槽磨损严重情况下的滑水现象仿真模型。仿照 NASA 滑水仿真模型建立过程,最终得到光面前轮的三维滑水仿真模型如图 4.14 所示。

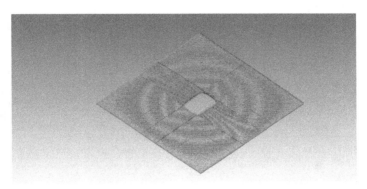

图 4.14 飞机光面前轮三维有限元模型

由图 4.14 可以看出,该有限元模型共有 164056 个网格单元,通过对模型网格进行质量检测,结果显示 99.9% 的网格正交质量达到 0.95 以上,说明网格生成质量优异,可用于仿真计算。

仿真过程中,由图 4.15 残差检测曲线和图 4.16 出口动压检测曲线可以看出,在迭代 50 步以后残差曲线趋于平稳,而此时出口动压仍处于变化状态,计算域并未达到稳定状态。综合考虑残差曲线与出口动压检测曲线,迭代步数最终选取 200 步,可保证仿真结果稳定可靠。

4.3.2 动水压强影响因素

由 NASA 滑水方程可知影响临界滑水速度的因素之一为胎压的大小,对于 NASA 滑水试验用 ASTM E524 光滑表面轮胎,其临界滑水速度与其胎压满足滑水方程关系式。研究表明,除胎压影响滑水现象发生之外,轮胎类型、水膜厚度等因素也会对滑水现象的产生有重要影响。现以前轮为例,通过建立不同轮胎表面状况、不同水膜厚度和不同胎压下的三维滑水仿真模型,获得了不同影响因素下的速度—胎底动水压强变化规律曲线。

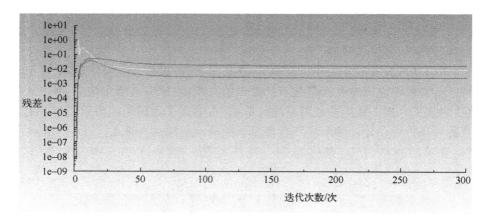

图 4.15　残差检测曲线

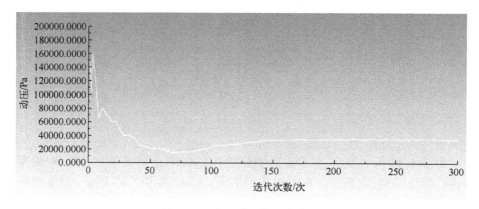

图 4.16　出口动压检测曲线图

仿真过程中,当计算域达到稳定状态后,各参数在稳定值附近仍稍有波动。为减小数值波动对仿真结果的影响,在模型达到稳定状态后,继续迭代 20 步连续 3 次,共记录下稳态后的 4 组动水压强值,并取其平均值作为该入口速度下的动水压强最终值。

1. 轮胎表面状态

为研究轮胎表面状态对胎底动水压强的影响,选择将模型水膜厚度值固定为 NASA 试验水膜厚度 7.62mm,轮胎变形量取充气压力为 0.74MPa 下的变形量 2.23cm,分别建立前轮沟槽表面与磨损严重的光滑表面下的三维滑水仿真模型。

50

分别选取 0~320km/h 范围内的速度入口边界条件,获得了轮胎在不同轮胎表面状态下各速度入口对应的动水压强值曲线,如图 4.17 所示。

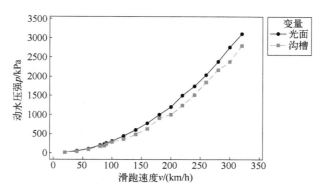

图 4.17　不同轮胎表面状态下动水压强对比曲线

由图 4.17 可以看出,飞机前轮在覆有相同厚度水膜的道面上行驶时,与光滑表面轮胎相比,沟槽轮胎产生的动水压强较小。这主要是由于相同条件下,轮胎表面沟槽能为水膜宣泄提供额外的通道,使轮胎前端雍水区积水能更快速地排除,故其动水压力值减小。因此,沟槽轮胎的临界滑水速度值高于光面轮胎,说明轮胎表面沟槽能够有效缓解滑水现象发生。

2. 水膜厚度

为研究道面水膜厚度对动水压强的影响,选取轮胎变形量为 1cm 时的光面轮胎滑水仿真模型,分别在 7.62mm、3.81mm 和 1.91mm 水膜厚度下,进行仿真试验。在入口边界速度为 0~320km/h 范围内,获得了不同水膜厚度下胎底动水压强对比曲线,如图 4.18 所示。

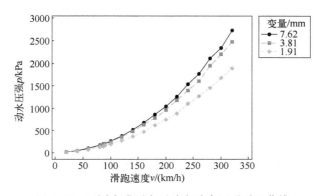

图 4.18　不同水膜厚度下胎底动水压强对比曲线

51

由图 4.18 可以看出,相同滑跑速度下,轮胎所受动水压强值随水膜厚度的增加而不断增大。水膜厚度值越大,轮胎发生完全滑水时的临界滑水速度值也越小,说明道面水膜厚度越厚,飞机在道面上滑跑时越容易发生滑水现象,滑跑也更加危险。

3. 胎压

由轮胎变形量计算公式(4-2)可得,当飞机荷载一定时,轮胎变形量与胎压成反比。因此,研究胎压对滑水现象的影响,可以通过改变建模过程中轮胎变形量的大小,实现对胎压变化的控制。

仿真过程中,选取模型水膜厚度为 7.62mm 保持不变,轮胎模型选择飞机光滑表面前轮作为研究对象,改变轮胎变形量 δ 依次为 2.23cm、1.5cm 和 1cm,则对应的轮胎充气压力分别为 0.74MPa、1.44MPa 和 2.82MPa,分别建立三维滑水仿真模型。在进口速度为 0~320km/h 范围内,得到了不同胎压下的动水压强仿真值,其曲线对比如图 4.19 所示。

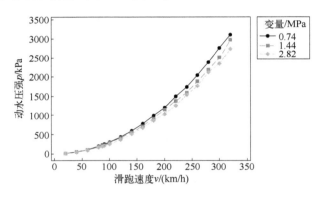

图 4.19　不同胎压下的动水压强对比曲线

由图 4.19 可以看出,相同滑跑速度下,轮胎所受动水压强值随轮胎胎压的增大而不断减小。轮胎压力越大,轮胎发生完全滑水现象时的临界滑水速度值也越大。这主要是由于随轮胎压力的增大,轮胎的压缩变形量减小,导致轮胎与道面形成的楔角减小。从流体动压力的理论角度出发,较大的楔角会使胎底动压效应增大,但同时使挤压效应降低,反之亦然。因此,胎压的增大致使水膜产生的动水压强值随之减小。

4.3.3　动水压强多元回归模型

由滑水现象影响因素可得,飞机在覆有水膜的道面上行驶时,前轮动水压强值主要受轮胎滑跑速度、轮胎表面状态、水膜厚度及胎压等因素的影响。因此,可以建立动水压强与以上各因素之间的多元回归模型。

考虑各影响因素后,动水压强多元回归模型可以表示为

$$p = \alpha_0 v^{\alpha_1} h^{\alpha_2} q^{\alpha_3} \qquad (4-3)$$

式中:p 为动水压强值(kPa);v 为滑跑速度(km/h);h 为水膜厚度(mm);q 为轮胎胎压(kPa);$\alpha_0,\alpha_1,\alpha_2,\alpha_3$ 为回归系数。

式(4-3)为非线性方程,对其进行回归分析较为困难,因此,对两边同时取自然对数,通过变量代换的方法,可以转化为线性方程,便可对其进行多元线性回归分析,即

$$\ln p = \ln \alpha_0 + \alpha_1 \ln v + \alpha_2 \ln h + \alpha_3 \ln q \qquad (4-4)$$

令 $\ln p = y$,$\ln \alpha_0 = \alpha$,$\ln v = x_1$,$\ln h = x_2$,$\ln q = x_3$,则

$$y = \alpha + \alpha_1 x_1 + \alpha_2 x_2 + \alpha_3 x_3 \qquad (4-5)$$

式(4-3)最终转化为线性方程式(4-5)。对动水压强仿真数据进行多元线性回归,得到各参数回归结果如表4.2所列。

表 4.2　回归统计参数表

自 变 量	系 数	系数标准误	T	P
常量	−3.42154	0.08617	−39.71	0.000
$x_1(\ln v)$	2.00572	0.00576	348.02	0.000
$x_2(\ln h)$	0.242437	0.009237	26.25	0.000
$x_3(\ln q)$	−0.090433	0.009550	−9.47	0.000

由表4.2可得,回归统计参数表中的 P 值均为0,表明此回归过程估计的模型在置信水平为0.05时具有显著性,这表明至少有一个系数不为零。$\alpha =$ −3.42154,$\alpha_1 = 2.00572$,$\alpha_2 = 0.242437$,$\alpha_3 = -0.090433$,3个估计系数的 P 值均为0.000,表明它们在置信水平为0.05时与轮胎动水压强值显著相关。计算得到的拟合优度 $R_2 = 99.9\%$ 与调整后的拟合优度 $R_2 = 99.9\%$,两个值都表明模型与数据拟合得较好。预测的 $R_2 = 99.92\%$,与 R_2 以及调整的 R_2 值都很接近,因此模型并没有过度拟合,所以具有足够的预测能力。

因变量 $y(\ln p)$ 的残差正态概率图如图4.20所示。图中的数据点近似形成了一条直线,说明数据残差呈正态分布,且残差随机分布在直线的两侧,模型拟合值与试验数据的拟合程度好,拟合模型可靠。

因此,飞机光面前轮在积水道面上滑跑时的胎底动水压强回归模型为

$$p = 0.0327 v^2 h^{0.24} q^{-0.09} \qquad (4-6)$$

分析式(4-6)可得,影响飞机光面前轮发生滑水现象的3个因素中,滑跑速

度和路表水膜厚度与动水压强值呈正相关,而轮胎胎压与动水压强值呈负相关。

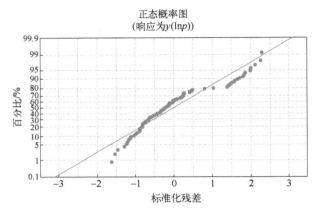

图 4.20　残差的正态概率图

4.3.4　临界滑水速度值预测

研究表明,当胎底动水压强与轮胎内压大小相等时,轮胎会发生完全滑水现象使轮胎与道面完全脱离。飞机轮胎气压为 0.74MPa,若在 NASA 试验水膜厚度 7.62mm 的积水道面上滑跑时,则当动水压强增大到 0.74MPa 时会使飞机前轮发生完全滑水现象。将各项参数代入仿真模型所得动水压强计算公式(4-5)中,可得临界滑水速度值 v_L 为

$$v_L = \sqrt{\frac{p}{0.0327h^{0.24}q^{-0.09}}} = \sqrt{\frac{740}{0.0327\times7.62^{0.24}\times740^{-0.09}}} = 158.72\text{km/h}$$

此速度发生滑水问题,飞机有极大可能性冲出跑道的侧面。当速度大于此速度时,发生滑水的水膜厚度会更薄,大大加了飞机冲出跑道的可能性。

4.4　小　　结

本章在 NASA 滑水试验基础上,建立了飞机前轮在不同参数下的滑水仿真模型,分别进行了轮胎不同滑跑速度下的胎底动水压强值的计算模拟。通过分析所得试验数据,得出结论如下:

(1)影响轮胎胎底动水压强大小的因素除轮胎滑跑速度外,还有轮胎表面状态、道面水膜厚度以及轮胎压力的大小。

(2)轮胎所受动水压强值随轮胎滑跑速度的增加、道面水膜厚度的增大而

54

增大,随轮胎充气压力的增大而减小,且轮胎动水压强值随各因素变化规律呈非线性关系。滑跑速度增大时,轮胎动水压强值增长斜率不断增大;水膜厚度增大时,动水压强值增长斜率不断放缓;轮胎压力增大时,动水压强值虽减小但趋势相对不明显。

（3）相同条件下,与光滑表面轮胎相比,沟槽表面轮胎能产生较小的动水压力,从而使临界滑水速度值增大,降低危险事故发生的概率和时机。主要是由于轮胎表面沟槽能为道面水膜的排除提供额外的宣泄渠道,使雍水区积水能更快速地排出。

（4）通过多元回归分析,获得了某型飞机光滑表面前轮关于滑跑速度、水膜厚度和轮胎压力的动水压强回归公式,即

$$p = 0.0327v^2h^{0.24}q^{-0.09} \quad (R_2 = 99.9\%)$$

当胎底动水压强与轮胎内压大小相等时,轮胎会发生完全滑水现象使轮胎与道面完全脱离,大大加大了飞机冲出跑道的可能性。

第5章　飞机冲出跑道的概率分析

5.1　可靠性理论基础

5.1.1　结构的可靠概率和失效概率

结构在规定时间内和规定条件下完成预定功能的能力,称为结构的可靠性。结构在规定时间内和规定条件下完成预定功能的概率,称为结构的可靠度。为了正确描述结构的工作状态,就必须明确规定结构可靠和失效的界限,即结构的极限状态。

结构的极限状态定义为:整个结构或结构的一部分超过某一特定状态,就不能满足设计规定的某一功能要求。如果用 $x_1, x_2, \cdots, x_n$ 表示结构的随机变量,用 $Z = g(x_1, x_2, \cdots, x_n)$ 表示描述结构工作状态的函数(称为功能函数),则结构极限状态可以表示为

$$Z = g(x_1, x_2, \cdots, x_n) \begin{cases} <0 & (\text{失效状态}) \\ = 0 & (\text{极限状态}) \\ >0 & (\text{可靠状态}) \end{cases} \qquad (5-1)$$

方程 $Z = g(x_1, x_2, \cdots, x_n) = 0$ 称为极限状态方程。它表示 n 维基本随机变量空间中的 $n-1$ 维超曲面,称为极限状态面(或失效面)。二维定义域和极限状态如图 5.1 所示。

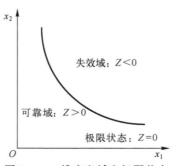

图 5.1　二维定义域和极限状态

结构完成预定功能的概率用可靠概率 P_r 表示；相反，结构不能完成预定功能的概率用失效概率 P_f 表示。在机场跑道应用中，结构的可靠概率可表示为飞机在跑道上能够正常工作的概率；失效概率可表示为飞机冲出跑道的概率。结构的可靠、失效为互补事件，因此 $P_r+P_f=1$。按照结构可靠度的定义和概率论基本原理，若结构中的基本随机变量为 $x_1, x_2, \cdots, x_n$，相应的概率密度函数为 $f_X(x_1, x_2, \cdots, x_n)$，由这些随机变量表示的结构失效概率可表示为

$$P_f = P(Z < 0) = \underset{Z<0}{\int \int \cdots \int} f_X(x_1, x_2, \cdots, x_n) \mathrm{d}x_1 \mathrm{d}x_2 \cdots \mathrm{d}x_n \qquad (5-2)$$

假设结构的抗力随机变量为 R，荷载随机变量为 S，相应的概率密度函数为 $f_R(r)$ 和 $f_S(s)$，概率分布函数为 $F_R(r)$ 和 $F_S(s)$，且 R 和 S 相互独立，则结构功能函数为

$$Z = g(R, S) = R - S \qquad (5-3)$$

结构的失效概率为

$$\begin{aligned} P_f = P(Z < 0) &= \underset{r<s}{\iint} f_R(r) f_S(s) \mathrm{d}r \mathrm{d}s \\ &= \int_0^{+\infty} \left[\int_0^s f_R(r) \mathrm{d}r \right] f_S(s) \mathrm{d}s = \int_0^{+\infty} F_R(s) f_S(s) \mathrm{d}s \end{aligned} \qquad (5-4)$$

或

$$P_f = P(Z < 0) = \int_0^{+\infty} \left[\int_r^{+\infty} f_S(s) \mathrm{d}s \right] f_R(r) \mathrm{d}r = \int_0^{+\infty} \left[1 - F_S(r) \right] f_R(r) \mathrm{d}r$$

$$(5-5)$$

5.1.2　结构的可靠性指标

基本随机变量的联合概率密度函数难以得到，计算多重积分也非易事，因此通过引入与失效概率有对应关系的可靠指标来解决计算问题。在式（5-3）表示的功能函数中，假设 R、S 服从正态分布，其均值和标准差分别为 μ_R、μ_S 和 σ_R、σ_S，则功能函数 Z 也服从正态分布，其均值和标准差分别为 $\mu_Z = \mu_R - \mu_S$ 和 $\sigma_Z = \sqrt{\sigma_R^2 + \sigma_S^2}$。

图 5.2 所示为随机变量 Z 的概率密度曲线，失效概率 $P_f = P(Z<0)$，而原点 O 到 μ_Z 的距离，可用 $\beta \sigma_Z$ 表示，即 $\mu_Z = \beta \sigma_Z$。由此，β 和 P_f 存在对应关系，可将 β 作为衡量结构可靠性的一个指标，称为可靠指标。此时，失效概率为

$$P_f = P(Z < 0) = F_Z(0) = \int_{-\infty}^0 \frac{1}{\sqrt{2\pi}\,\sigma_Z} \exp\left(-\frac{(z - \mu_Z)^2}{2\sigma_Z^2} \right) \mathrm{d}z \qquad (5-6)$$

将其标准化：

$$P_{\mathrm{f}} = \int_{-\infty}^{-\frac{\mu_Z}{\sigma_Z}} \frac{1}{\sqrt{2\pi}} \exp\left(-\frac{t^2}{2}\right) \mathrm{d}t = \Phi(-\beta) \qquad (5-7)$$

式中：$\Phi(x)$ 为标准正态分布函数。

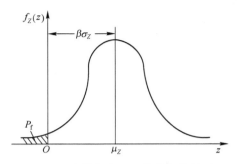

图 5.2　失效概率和可靠指标的关系

对于式(5-3)表示的功能函数，R、S 均服从正态分布，可靠指标可表示为

$$\beta = \frac{\mu_Z}{\sigma_Z} = \frac{\mu_R - \mu_S}{\sqrt{\sigma_R^2 + \sigma_S^2}} \qquad (5-8)$$

表 5.1 所列为可靠指标 β 和失效概率 P_{f} 的一些对应关系[31]。

表 5.1　可靠指标 β 和失效概率 P_{f} 的对应关系

β	1.0	1.5	2.0	2.5	3.0	3.5	4.0	4.5	5.0
P_{f}	1.587×10^{-1}	6.681×10^{-2}	2.275×10^{-2}	6.21×10^{-3}	1.35×10^{-3}	2.326×10^{-4}	3.167×10^{-5}	3.398×10^{-6}	2.876×10^{-7}

在实际工程中所遇到的问题要复杂得多，大多数基本随机变量不服从正态分布，且结构功能函数为非线性函数。这时，不能直接计算结构的可靠指标，须应用结构可靠指标计算的近似方法，如蒙特卡罗法、一次二阶矩法等。

5.2　跑道长度可靠性分析的功能函数

5.2.1　机场跑道长度设计方法

现行机场跑道长度设计方法考虑飞机在下列情况下的安全：①飞机最大质量、加力时在干燥的水泥混凝土道面上起飞；②飞机正常质量、不加力时在干燥的水泥混凝土道面上起飞；③飞机最大质量、刹车、放阻力伞时在干燥水泥混凝

土道面上着陆。跑道长度计算公式为[1]

$$L_{q1} = l_1 + S_{q1} + l_2 \qquad (5-9)$$

$$L_{q2} = l_1 + S_{q2} + l_2 \qquad (5-10)$$

$$L_l = l_3 + S_l \qquad (5-11)$$

式中:S_{q1},S_{q2}分别为飞机最大质量、加力起飞和正常质量、不加力起飞的滑跑距离;L_{q1},L_{q2}分别为对应的跑道长度;S_l,L_l分别为最大质量、刹车、放阻力伞着陆滑跑距离和所需的跑道长度;l_1为飞机起飞起始点距跑道后端的距离;l_2为飞机离地点到跑道前端的安全距离;l_3为飞机着陆接地点到跑道后端的距离;l_1,l_2和l_3的取值按照飞机型号和起飞的方式取不同的值。跑道长度应同时满足上述 3 种情况,因此,所设计的跑道长度为

$$L = \max(L_{q1}, L_{q2}, L_l) \qquad (5-12)$$

设计结果按 50m 向上取整。

5.2.2 跑道长度的极限状态及功能函数

跑道长度可靠性可定义为:在规定的时间(一般指使用期限)内,规定的条件(气象条件、飞机类型、飞机质量等)下,跑道长度保证飞机安全完成起飞(或着陆)的能力。在此基础上,可以将跑道长度极限状态定义为:起飞时飞机刚好在跑道的端头离地的特定状态;着陆时飞机刚好在跑道的端头停住的特定状态。

1. 起飞时的功能函数

根据可靠性理论,对于跑道长度设计,结构的荷载为飞机安全起飞所需的跑道长度 L_R,抗力为跑道的设计长度 L_S,则跑道长度的功能函数为

$$Z = g(R, S) = L_R - L_S \qquad (5-13)$$

飞机加力起飞时,跑道长度的功能函数为

$$Z = L_R - L_S = L_R - l_1 - l_2 - S_{q1} \qquad (5-14)$$

飞机发动机为最大状态起飞时,跑道长度的功能函数为

$$Z = L_R - L_S = L_R - l_1 - l_2 - S_{q2} \qquad (5-15)$$

上述功能函数中 l_2 为飞机离地点到跑道前端的安全距离,这个参数的存在是由于现行的机场跑道长度设计方法为定值参数法,没有考虑参数的随机性,为了弥补定值参数法的不足,加入了安全距离参数 l_2。这里采用可靠性方法进行跑道长度设计,充分考虑了参数的随机性,采用跑道长度的可靠度来衡量设计的安全性,因此,在功能函数中应将此参数去掉。

由此,飞机起飞时跑道长度的功能函数为

$$Z=L_R-L_S=L_R-l_1-S_q=L_R-l_1-\frac{k_q\left(V_{q0}\sqrt{\dfrac{m_q}{m_{q0}\cdot\Delta}}\pm V_w\right)^2}{2g\left(P_b\cdot k_\Delta/G_q-\mu_q\pm i\right)} \qquad (5-16)$$

式(5-16)对于发动机加力状态和最大状态起飞,其形式是统一的,只是参数的取值有所不同。

2. 着陆时的功能函数

与起飞时情况相似,飞机着陆时跑道长度的功能函数为

$$Z=L_R-L_S=L_R-l_3-S_q=L_R-l_3-\frac{k_l\left(V_{l0}\sqrt{\dfrac{m_l}{m_{l0}\cdot\Delta}}\pm V_w\right)^2}{2g\left(\mu_l-\left(P_m/G_l\right)\pm i\right)} \qquad (5-17)$$

5.2.3 随机变量统计分析

基于可靠性理论的飞机冲出跑道概率研究的一个重要任务是对各随机变量的统计分析,以获得其各自的分布规律及统计参数。由李乐[32]的研究和第2章飞机冲出跑道主要影响因素分析可知,空气相对密度、飞机起飞起始点和着陆接地点距跑道端的距离符合正态分布;起飞着陆滑跑距离综合修正系数符合对数正态分布或极值Ⅰ型分布;分解在跑道方向的风速在不同情况下可以用极值Ⅰ型分布和指数分布来描述[33-34]。

5.3 飞机冲出跑道概率的蒙特卡罗模拟

5.3.1 基本原理

通过蒙特卡罗法求解积分问题基于这样的事实:样本平均的行为和趋势随着样本数的增大趋于稳定。随机试验也很好地证实了这一点。这意味着,采用解析或数值的方法求解定积分时,可将积分解释为一个适当随机试验中的平均值,并可能通过对这个随机试验的适当多的独立结果进行平均来获得积分的中心估计。蒙特卡罗法正是基于这一基本思想。

蒙特卡罗法的计算步骤如图5.3所示。

5.3.2 基本方法

假设结构的功能函数可以表示为

$$Z=g(\boldsymbol{X})=g(x_1,x_2,\cdots,x_n)=0 \qquad (5-18)$$

式中:$\boldsymbol{X}=\{x_1,x_2,\cdots,x_n\}$为随机变量组成的向量。

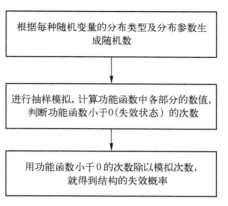

图 5.3　蒙特卡罗法的计算步骤

此时,结构的失效概率可以表示为

$$P_f = P\big[g(X) < 0\big] = \int_{D_f} f(X)\,\mathrm{d}X \tag{5-19}$$

式中:$f(X) = f(x_1, x_2, \cdots, x_n)$ 为基本随机变量向量 X 的联合概率密度函数;D_f 为与 Z 相对应的失效区域。

当 X 为一组相互独立的随机变量时,有

$$f(x_1, x_2, \cdots, x_n) = \prod_{i=1}^{n} f(x_i) \tag{5-20}$$

根据结构可靠性理论,当 $Z>0$ 时结构是可靠的;当 $Z<0$ 时结构失效,因此式(5-20)用蒙特卡罗法可以表示为

$$\hat{P}_f = \frac{1}{N} \sum_{i=1}^{N} I\big[g(\hat{X}_i)\big] \tag{5-21}$$

式中:N 为抽样模拟总次数;I 为抽样函数,有

$$I\big[g(\hat{X}_i)\big] = \begin{cases} 1 & (g(\hat{X}_i) < 0) \\ 0 & (g(\hat{X}_i) > 0) \end{cases} \tag{5-22}$$

式(5-21)的抽样方差为

$$\hat{\sigma}^2 = \frac{1}{N} \hat{P}_f (1 - \hat{P}_f) \tag{5-23}$$

当选取 95% 的置信度来保证蒙特卡罗法的抽样误差时,有

$$|\hat{P}_f - P_f| \leqslant z_{\alpha/2} \times \hat{\sigma} = 2\sqrt{\frac{\hat{P}_f(1-\hat{P}_f)}{N}} \tag{5-24}$$

或以抽样的相对误差 ε 来表示,有

$$\varepsilon = \frac{|\hat{P}_f - P_f|}{P_f} < 2\sqrt{\frac{1 - \hat{P}_f}{N\hat{P}_f}} \qquad (5-25)$$

在一般结构设计时，$\hat{P}_f$ 通常是一个小量，则式(5-25)可以近似表示为

$$\varepsilon = \frac{2}{\sqrt{N\hat{P}_f}} \qquad (5-26)$$

式(5-26)表明了蒙特卡罗法抽样次数与相对误差之间的关系。

5.3.3 随机数生成

蒙特卡罗法模拟求解结构的可靠度首先要生成随机数，在 MATLAB 语言中，已经给定了多种分布的随机数生成函数。由上述分析可知，飞机冲出跑道概率分析计算涉及 4 种分布，即正态分布、对数正态分布、极值 I 型分布和指数分布。对于前两种分布，"Normrnd(Mu,Sigma,m,n)"函数可生成均值为 Mu，标准差为 Sigma 的 m 行 n 列随机数，"Lognrnd(Mu,Sigma,m,n)"可生成对数均值为 Mu 和对数标准差为 Sigma 的 m 行 n 列随机数；"Exprnd(λ,m,n)"函数可生成参数为 λ 的 m 行 n 列指数分布随机数；对于极值 I 型随机变量，采用其提供的"Evrnd"函数生成随机数[35]。

根据随机数生成理论，计算机首先生成[0,1]区间内均匀分布的随机数 x，再基于 x 通过映射的方法生成其他分布的随机数。映射的方法为：假设要生成分布函数为 $F_Y(x)$ 的随机数，则随机数 Y 可以用 x 表示为

$$Y = F_Y^{-1}(x) \qquad (5-27)$$

由极值 I 型随机数的分布函数：

$$F_Y(x) = \exp\{-\exp[-\alpha(x-\beta)]\} \qquad (5-28)$$

可得其随机数生成公式为

$$Y = \frac{-\ln[-\ln(x)]}{\alpha} - \beta \qquad (5-29)$$

5.3.4 计算程序

MATLAB 具有编程语言的直观性和执行的高效性，使用其进行大规模的数值模拟是比较适当的。本书基于蒙特卡罗法应用 MATLAB 语言编写飞机冲出跑道概率分析计算程序[36,37]，如图 5.4 所示。

图 5.4 给出的是按风速为极值 I 型分布和 0 组合的飞机冲出跑道概率分析计算程序界面，风速按指数分布的界面与其类似，不再单独给出。界面封装

了滑跑距离综合修正系数、飞机质量、分解到跑道方向风速、空气相对密度、起飞起始点和着陆接地点距跑道端距离等随机变量参数输入窗和定值参数输入窗,结果中 P_1、Beta1,P_2、Beta2 和 P_3、Beta3 分别为发动机最大状态起飞、加力状态起飞和着陆时的失效概率和可靠指标。

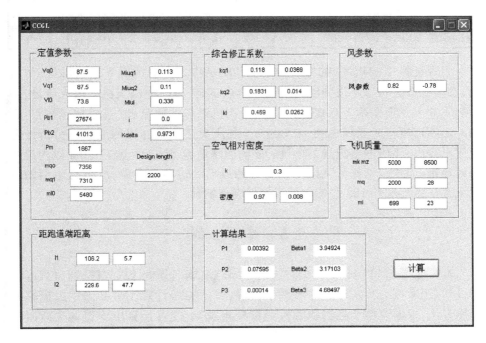

图 5.4　飞机冲出跑道概率分析计算程序界面

5.4　基于可靠性理论的跑道缓冲地带长度计算

跑道缓冲地带的设计长度是根据飞机冲出跑道的概率来确定,计算设计长度需要涉及许多计算参数,包括根据设计要求确定的参数:飞机起飞和着陆质量、跑道平均纵坡、分解到跑道方向上的风速及空气相对密度。可以从有关的飞机说明书中查得参数,以及根据飞行员技术水平和飞机性能确定参数。通过确定这些参数结合飞机冲出跑道概率分析计算程序,计算出缓冲地带长度。

选择一个机场作为校准实例,按照现行跑道长度设计规范,不同长度的缓冲地带所对应的失效概率如表 5.2 所列。

表 5.2　不同长度的缓冲地带所对应的失效概率

飞 机 状 态	不同长度的缓冲地带所对应的失效概率/%							
	50m	100m	150m	200m	250m	300m	350m	400m
正常质量、发动机最大状态起飞	0.09	0.03	0.013	0.005	0.002	0.0004	0.0001	0.00007
最大质量、加力起飞	1.12	0.46	0.18	0.07	0.03	0.01	0.004	0.002
最大质量、放阻力伞、踩刹车着陆	0.009	0.002	0.001	0.0004	0.0002	0.00007	0	0

为保证模拟的精度,抽样次数选为 1×10^6 次。一般情况下,飞机以正常质量、发动机最大状态起飞冲出跑道概率为 0.002% ~ 0.09%;飞机以最大质量、加力起飞冲出跑道概率为 0.03% ~ 1.12%;飞机以最大质量、放阻力伞、踩刹车着陆冲出跑道概率为 0.0002% ~ 0.009%。利用上述飞机冲出跑道概率分析计算程序可得出,飞机冲出跑道 100 ~ 150m 的概率最大,所以可以在 150m 以内设置缓冲地带,而拦阻网作为飞机冲出跑道的最后一道防范措施,应把拦阻网的位置设置在跑道端外 180 ~ 200m 处或端保险道端部。

5.5　小　　结

本章应用 MATLAB 语言编写飞机冲出跑道概率分析计算程序,通过程序计算可知,用蒙特卡罗法计算的结果较精确,可认为是计算飞机冲出跑道概率的理想方法,根据蒙特卡洛法和随机变量分布规律,便可计算出跑道的失效概率和可靠度。最后得出飞机冲出跑道 100 ~ 150m 的概率最大,所以应把拦阻设施的位置设置在跑道端外 180 ~ 200m 处或端保险道端部,在 150m 以内设置缓冲地带。

第6章　飞机轮胎在砂土中运动的力学理论

飞机冲出跑道进入阻机砂时，飞机轮胎的一部分可能陷入阻机砂中，此时飞机轮胎会受到多个力的作用。这些力共同作用的效果是吸收飞机的动能，使飞机的运动速度降下来。

6.1　轮胎的变形特性

飞机轮胎在砂土中运动时，会陷入砂土中，轮胎也会有压缩变形。轮胎的变形特性受外界条件影响比较大，很难进行精确计算，轮胎与土壤的相互作用关系往往通过试验测得。通过原吉林工业大学汽车地面力学研究教研室对轮胎与砂土作用关系测量试验可知，轮胎充气压力增加，轮辙下陷量增加，胎体的变形减小。因此，胎压决定胎体与土壤接触面的刚度，是影响其作用关系的重要因素。

6.1.1　刚性轮与弹性轮的界定

当载荷一定时，轮胎在松软地面通行，轮胎与土壤的接触面大小由轮胎的刚度和土壤强度共同决定。当轮胎刚度与土壤强度相近时，两者都将产生一定的变形；当轮胎刚度大于土壤强度时，以土壤变形为主，其极端情况可以将轮胎视为刚性轮胎；当轮胎刚度小于土壤强度时，以轮胎变形为主，其极端情况可将土质道面视为刚性路面。

轮胎的刚度由胎体刚度 p_c 与胎压 p_i 决定。胎体刚度一般情况下是不变的，因此，胎压是决定轮胎刚度的重要因素。试验表明：当胎压增大到一定值时，轮胎变形很小，可视为刚性轮，这个值就是临界值 p_{cr}，它是刚性—弹性相互转变的临界点，其推导公式[11]为

$$p_{cr} = \left[\frac{W(n+1)}{b_0(Dz_r - z_r^2)^{1/2}} \right] - (p_g - p_i) \tag{6-1}$$

式中：z_r 为土壤下陷量；n 为表征土壤下陷指数；D 为轮胎直径；p_g 为接地压力，$p_g = p_c + p_i$；p_i 为胎压；b_0 为轮胎宽度；W 为轮胎荷载。

式（6-1）为临界压强的求解公式，对于给定载荷、胎压的轮胎以及土壤的

相关参数,可以判断出轮胎是刚性还是弹性,$p_i \geqslant p_{cr}$ 即刚性轮胎;$p_i < p_{cr}$ 即弹性轮胎。

在分析土壤与轮胎相互作用前,应对轮胎的状态进行判断,更有利于准确分析其相互关系。

6.1.2 轮胎与砂土接触面模型

轮胎在道面通行时接触面形状由道面强度和轮胎刚度共同决定,其接触面形式主要有 3 种,图 6.1 为刚性轮在柔性道面上的接触面形状;图 6.2 为轮胎在刚性道面上的接触面形状;图 6.3 为一般情况下的形状。

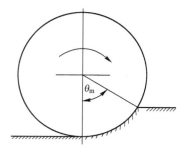

图 6.1　刚性轮柔性道面

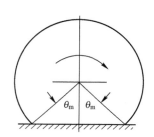

图 6.2　柔性轮刚性道面

图 6.1 和图 6.2 所示的形状是特殊情况,只考虑土壤的下陷或只考虑轮胎的形变,分析比较简单,在此不多做介绍,本节针对图 6.3 一般情况下的接触面进行详细论述。

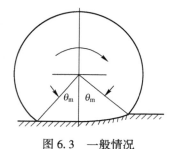

图 6.3　一般情况

1. 轮胎的径向变形

轮胎在砂土中行进时,轮胎与砂土都有一定变形,接地面的形状与载荷大小有直接关系。国外学者 Freitag 和 Smith 对弹性轮胎在干砂上滚动时,轮胎中心线变形进行了大量试验,图 6.4 是其中较为典型的情况。

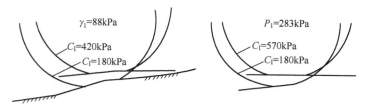

图 6.4　轮胎在干砂上滚动时的变形情况

由图 6.4 可以看出,胎压较小的轮胎在软性道面上滚动时,其接地面相对平缓且较长,接触面半径比轮胎半径大(图 6.4 中充气压力 $p_i = 283\text{kPa}$,轮胎刚度 $C_I = 180\text{kPa}$),在分析接触面特性时,可用半径稍大的刚性轮代替,这样分析力学问题就相对简单直观。

巴布可夫认为直径为 D 的轮胎在土表面上滚动时,可以用一个直径较大(D_1)的刚性轮来代替[12]。即 $\alpha D = D_1$,α 值为换算系数,与胎压和土壤性质有关,其值可以通过图 6.5 查得。

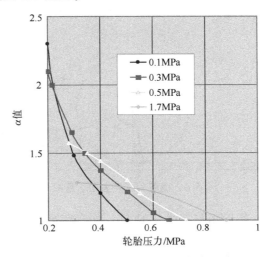

图 6.5　α 值与胎压和 σ 对应关系图

2. 接触面压力分布

轮胎接触面压力分布与其接触面形状有关,根据轮胎的变形大小,接触表面形状有很大差别,其压力分布也有所不同[12-16]。当轮胎径向变形较小时,接触表面是双凹形,压力分布为抛物线型;当轮胎相对径向变形大于一定值(8%~10%)时,中间接触区形状趋平,压力分布仍是抛物线型;当轮胎的径向变形很大(>20%)时,外胎会反向挠曲,而中间接触面变成曲率相反的凸形,压力分布由抛物线转为马鞍型。

阿葛伊金对接触面曲线区域的单位压力用该点的土壤沉陷 z 近似表示:

$$p = kz^n \tag{6-2}$$

平面区的接触面压力可以认为是均匀的,主要由胎壁刚度和胎压决定:

$$p = k_1 p_i + k \tag{6-3}$$

式中:k 为胎壁刚度;k_1 为胎壁不均匀系数(一般值为 0.9~1.0)。

对于接触表面压力分布,Bakker 也提出了分析方法:轮胎在软土滚动形成一定深度的轮辙,把接触表面分为平面和曲面两个部分,并提出了压力-沉陷关系式。阿葛伊金提出的压力分布理论与 Bakker 提出的压力-沉陷关系式在表述上不同,其实质是一样的。

3. 接近角和离去角

轮胎在松软土质道面上行驶,会产生一定的沉陷,由于道面的回弹作用和轮胎弹性回跳,将轮胎与路面的接触部分分成两个部分,如图 6.6 所示。图中 θ_1 部分为对应的前区,θ_1 为接近角;θ_2 对应部分为后区,θ_2 为离去角。对于弹性轮,在后区压力降低快,导致后区轮胎的弹性回跳,因此离去角 θ_2 值比较大;对于刚性轮,则不会发生弹性回跳,因此 θ_2 值相对较小,甚至在计算时可以忽略不计。

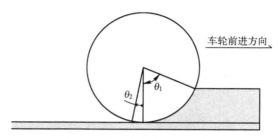

图 6.6　接近角与离去角示意图

通过研究表明,接近角与离去角的大小与轮胎下陷量存在一定关系,随着下陷量的增大,前区面积增加而后区面积减小,即 θ_1 增大,θ_2 减小;下陷量减小时,前区面积减小而后区面积增大,即 θ_1 减小,θ_2 增大。

接近角与离去角的大小与垂直荷载有一定的关系,轮胎的垂直载荷与道面对轮胎的竖直方向上的作用反力相平衡,因此接近角 θ_1 可依据垂直荷载的大小来求得。离去角可以根据日本学者富一木多提出的经验公式计算,他认为离去角 θ_2 为轮胎刚度与土壤强度之比,其函数关系式为

$$\theta_2 = \frac{\theta_m}{2}\left[1-\left(\frac{p_i+p_c}{0.7C_I-0.6}\right)\right]^\lambda \tag{6-4}$$

式中:θ_m 为轮胎在刚性道面上对应的接触区域角度;p_i 为轮胎充气压力;p_c 为轮胎壁刚度。

6.2　轮胎通行时陷入深度值计算

轮胎经过柔性道面时,会产生一定的轮辙深度,在此过程产生的阻力是行驶时消耗能量的主要来源。轮胎陷入深度一般由两部分组成,即静止状态下载荷作用的砂土压实变形和行进时由滑转产生的附加滑转沉陷。

6.2.1 静止状态砂土的压实变形

由于作用在道面的外载荷超过道面本身承载能力,轮胎在道面行驶时会在其表面陷入一定深度。其陷入深度值与砂土的性质有关:承载能力强则陷入深度较小;承载能力弱则陷入深度大。空军工程大学翁兴中等依据土的承载力系数作为飞机在土质道面通行性能的判定[29],并根据轮胎压入土质道面后的力学平衡原理,对轮辙深度 h 进行计算,求得深度表达式为

$$h = \left[\frac{W}{\sigma B \left(1 - \dfrac{\mu}{3}\right) \sqrt{D}} \right]^{\frac{1}{\frac{1}{2} + \mu}} \tag{6-5}$$

式中:σ 为土的承载力系数;B 为轮宽;D 为轮径;W 为刚性轮竖直方向所受的载荷;μ 为与土壤相关的参数。

式(6-5)求解轮辙深度的缺点是必须知道 μ 值,而 μ 值是苏联学者提出的与土壤性质相关的参数,范围为 $0.34 \sim 0.98$,一般由试验求得,鉴于试验过程比较繁琐,采用另一种方法求解静止状态下的轮辙深度,即采用 Bakker 承压特性模型求解静止状态轮辙深度。

Bakker 提出了压力-沉陷的相互关系为

$$p = \left(\frac{k_c}{B} + k_\varphi \right) z^n \tag{6-6}$$

对于刚性轮作用下的砂土承压特性与 Bakker 所做的土壤应力-应变关系试验完全一致。当刚性轮在柔性道面的陷入深度为 z 时,刚性轮压入道面后竖直方向受力平衡,其平衡方程为

$$W = B \int_0^{\theta_1} \sigma R \cos\theta \, \mathrm{d}\theta \tag{6-7}$$

式中:应力 σ 即 Bakker 压力-沉陷关系式中的 p;W 为刚性轮竖直方向所受的载荷,代入方程并求解可以得到刚性轮在道面的轮辙深度:

$$h = \left[\frac{3W}{B \left(\dfrac{k_c}{B} + k_\varphi \right) \sqrt{D}\,(3-n)} \right]^{\frac{2}{2n+1}} \tag{6-8}$$

在大多数均质土中,该公式都适用,轮胎直径越大,结果就越精确。试验表明,当刚性轮直径过小,一般低于 0.5m 时,计算结果就存在一定的偏差。

对于弹性轮胎,陷入深度与它工作状态相关,其变形量越大,陷入深度就相对减小。计算轮胎的陷入深度时,必须确定在给定条件下,轮胎相对于砂土是

刚性轮还是弹性轮。依据 Bakker 提出的临界压力概念,当轮胎相对砂土为刚性时,用式(6-8)计算轮辙陷入深度即可,若为弹性轮(轮胎本身发生变形),则用下式进行计算。

$$h = \frac{p_i + p_c}{\dfrac{k_c}{B} + k_\varphi} \tag{6-9}$$

值得注意的是,式(6-9)中参数 B 是指 Bakker 在做承压试验中的载荷板短边长度,应用于实际问题中不一定是轮胎的轮宽,与轮胎接地部分的切线方向有可能是短边。因而,在引用上式计算轮辙深度时,首先对式中的短边进行计算。

6.2.2 运动过程中的滑转沉陷

在实际过程中,轮胎经过松软地面时,会发生滑转,并切削砂土引起车轮滑转沉陷,因此只考虑静止状态轮胎沉陷就很不准确。因为在存在滑转率的情况下,轮胎沉陷是关于滑转率的函数。若要准确预测轮胎沉陷,必须考虑滑转率影响因素。

滑转沉陷是砂土颗粒运动的结果,是由于车轮绝对速度与砂土相对速度不同引起的。图 6.7 是 A. J. Green 对砂土运动的测量结果,图中给出了车轮外延一些点的绝对速度及砂土运动速度。从图中可以清楚地发现,在 D 点前后的两个区域中砂土运动与车轮运动的不同。以 D 点为分界,前方砂土运动方向与车轮运动方向相同,产生水平推力而形成推土阻力;后方砂土运动方向与车轮运动方向相反,产生附加的滑转沉陷。

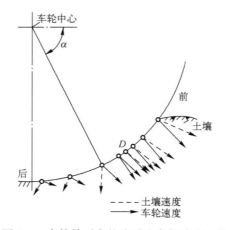

图 6.7　车轮外延点的绝对速度与砂土速度

A. J. Green 等的试验研究证明,除滑转率为 100%外,轮胎动下陷量应该是滑转率 s 的函数,可用其线性表示:

$$h_d = f(s) \qquad (6-10)$$

或

$$h_d = As + h \qquad (6-11)$$

式中:A 为转换系数,由土的承载能力决定;h 为轮胎静止状态下轮辙深度。

1. 几何法计算动下陷量

Reece 等利用轮胎下砂土压力分布及剪切破坏区域能量平衡方程,对动下陷量进行分析计算得到由于滑动破坏区的砂土移动引起的附加下陷量计算方法,如图 6.8 所示,轮胎运动时的附加下陷量大小,与车轮在滑转过程中水平方向移动距离相关。其计算公式为

$$\Delta h = \overline{O'B'} \sin \alpha_{B'} - y_{O'} \qquad (6-12)$$

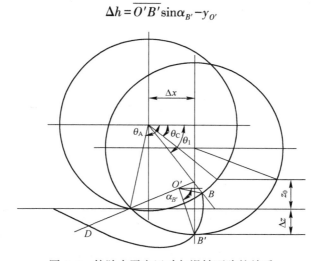

图 6.8 轮胎水平向运动与滑转下陷的关系

$\overline{O'B'}$、$y_{O'}$ 等都可以通过图 6.8 中几何关系求得。在计算之前,必须先确定 θ_1 和 θ_2,而后进行几何分析。

2. 动下陷量简化算法

在工程应用中,往往通过简化的算法对滑转引起的轮陷深度进行计算。在实际应用中,驱动轮的实际速度 v_a 与理论速度 v_t 都可以求得,因此车轮的滑转率为

$$s = \frac{v_t - v_a}{v_t} \times 100\% \qquad (6-13)$$

对于某区域来说,砂土的性质是基本相同的,因此可以通过试验的方法对

某地区砂土中滑转率与下陷特性进行分析,得到其关系式,并应用于理论分析。

6.3 轮胎在砂土中阻力分析

轮胎在砂土中运动,受到砂土对其阻滞作用,消耗其内在动能而转化为其他形式的能量。阻滞力主要为:砂土压实阻力,表现为轮胎在运动时对砂土压实或剪切形成轮辙;推土阻力,表现为轮胎前方形成壅土对轮胎前进产生的阻力;砂土的黏附阻力(图6.9)。

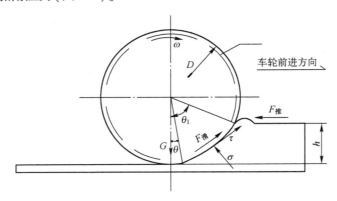

图6.9 轮胎在砂土中受力分析

6.3.1 砂土压实阻力

砂土压实阻力是由于轮胎前进时压实砂土,在其发生变形过程中产生的阻滞力。它与轮辙深度有关,即使砂土变形所做的功等于轮子消耗的能量。假设砂土对轮胎的反作用仅为径向反力,则其受力平衡方程为

$$\begin{cases} F_{\text{压}} = B \int_0^\theta \sigma R \sin\theta \, \mathrm{d}\theta \\ W = B \int_0^\theta \sigma R \cos\theta \, \mathrm{d}\theta \end{cases} \tag{6-14}$$

其法向应力与轮胎沉陷为 h 时对地面的垂直压力 p 相等,则

$$\sigma R \sin\theta \, \mathrm{d}\theta = p \, \mathrm{d}h \tag{6-15}$$

代入上述方程得压实阻力为

$$F_{\text{压}} = b \left(\frac{z_0^{n+1}}{n+1} \right) \left(\frac{k_c}{b} + k_\varphi \right) \tag{6-16}$$

式中: W 为机轮受到竖直方向的荷载; n 为下陷指数; k_c 为内聚力模量; k_φ 为内摩擦模量,可通过贝氏仪测量。

72

6.3.2 轮胎的剪切阻力

轮胎滚动时,陷入土中部分受到砂土的剪切阻力作用。剪切力是轮缘与砂土接触部分切向应力作用产生,假设轮胎与地面没有相对滑动,即滑转率为 $s=0$,则由 Janosi 剪应力-剪位移公式可知剪切位移 j 为

$$j = \int_0^t v_j \mathrm{d}t = r(\theta_0 - \theta) - (\sin\theta_0 - \sin\theta) \tag{6-17}$$

式中:θ 为机轮与砂土接触角;θ_0 为最大陷入深度对应最大角,即接近角;v_j 为机轮前进速度。

轮缘外侧受砂土的剪切应力为

$$\tau(\theta) = [c + \sigma(\theta)\tan\varphi](1 - e^{-j/k}) \tag{6-18}$$

式中:$\sigma(\theta)$ 为 θ 角对应位置的正应力。

轮胎外缘所受水平方向剪切阻力可以对每点经过的位移进行积分求得:

$$F_{\text{剪}} = rb \int_0^{\theta_0} \tau(\theta)\cos\theta \mathrm{d}\theta \tag{6-19}$$

式中各参数含义同前。

6.3.3 滑转产生附加阻力

当轮胎与砂土之间以一定滑转率保持相对运动时,其滑转消耗部分能量,阻滞效果明显增强。轮胎由滑转引起的阻力增加部分大小主要由滑转率决定,其宏观表现有两个:轮胎与砂土接触过程中出现打滑现象,轮胎与地面的总接触距离相应增加;轮胎前端砂土挤压形成波浪状凸起,产生附加的推土阻力。

1. 附加滑转阻力

轮胎滑转引起轮胎与砂土相对滑动,存在一定滑动摩擦,其阻力相对增大,式(6-16)、式(6-19)计算所得的摩擦力是在无滑转情况下所得的摩擦阻力,在实际过程中,其附加阻力可以用滑动摩擦进行近似计算:

$$\mathrm{d}F_{\text{滑}} = \mathrm{d}N \cdot f \tag{6-20}$$

式中:f 为滑动摩擦因数;$\mathrm{d}N$ 为单位面积的正压力。

由式(6-20)可知轮胎与接触部分的摩擦力为

$$F_{\text{滑}} = \int \mathrm{d}N \cdot f = f \int_0^{\theta_0} rb\sigma(\theta)\mathrm{d}\theta \tag{6-21}$$

式中各参数含义同前。

2. 推土阻力

在前节分析砂土滑转轮陷时可以发现,在一定滑转率作用下,在破坏分界点 D 点前端,砂土颗粒移动速度大于轮胎的绝对速度,因此在轮胎前端形成一

定的壅土,当轮胎前进时,要多消耗一部分功推移凸起的砂土。

对于滑转引起的推土阻力,Bakker通过试验总结了其计算公式:

$$F_{推} = \begin{cases} \dfrac{B\sin(\alpha+\varphi)}{2\sin\alpha\cos\varphi}(2hcK_c + \gamma h^2 K_\gamma) + \\ \dfrac{\pi l^3 \gamma(90°-\varphi)}{540} + \dfrac{c\pi l^2}{180} + cl^2 \tan(45°-\varphi/2) \end{cases} \qquad (6-22)$$

式中:N_c,N_γ 为砂基承载力系数,只与土的内摩擦角有关;K_c 为与 N_c 有关的计算参数,$K_c = (N_c - \tan\varphi)\cos^2\varphi$;$K_\gamma$ 为与 N_γ 有关的计算参数,$K_\gamma = \left(\dfrac{2N_\gamma}{\tan\varphi} + 1\right)\cos^2\varphi$;$l = h\tan^2(45°-\varphi/2)$;$\varphi$ 为砂土内摩擦角;c 为砂土内聚力;γ 为砂土重度;$\alpha = \arccos(1-2h/D)$,D 为轮胎直径。

由式(6-22)可知,推土阻力随车轮宽度增加而增大,若车轮载荷一定,则轮径大、轮宽小的轮胎受到的推土阻力将较小。

轮子在松软地面上行进时,其轮宽对阻力影响很大,有时甚至超越压实阻力,应当加以考虑。

6.4 小 结

本章主要对砂堤对机轮的拦阻作用进行力学分析,主要结论如下:

(1)对机轮与砂堤接触面模型进行分析,得到在分析接触面特性时,可用半径稍大的刚性轮代替,即 $\alpha D = D_1$,α 值为换算系数。

(2)根据机轮在土中的运动特性,求得静止状态下轮辙深度和运动状态下的滑转轮陷深度的计算方法。

(3)引用 Bakker 承压理论,对机轮的受力情况进行分析,将其细分为机轮对砂土的压实阻力、机轮对砂土的剪切阻力和滑转产生的附加阻力,并求出相应的计算公式。

第7章　阻机砂堤的数值分析

砂作为一种重要的拦阻材料,被广泛应用于机场跑道缓冲地带。如何让阻机砂堤发挥最大的效能是本章研究的重要内容。在飞机冲入砂堤的高速冲击条件下,涉及3种非线性问题:材料大变形产生的几何非线性、材料动态本构关系的非线性,以及界面上发生滑动、摩擦和分离等界面的非线性。

由于经济与研究周期的原因,使得数值模拟在研究中占有越来越重要的位置,同时在计算机上进行拦阻模拟关键在于材料、算法等参数的确定。

7.1　计　算　模　型

本章采用前处理程序建立模型。建立模型时基本单位取为 m·kg·s,机轮及砂堤均采用实体单元[53-54]。

为使问题进一步简化,本章有限元分析计算中作如下假设:

(1) 同一种材料为均质、各向同性体,介质土的弹性性质可能各点不同,计算时采用平均弹性模量。

(2) 机轮为线弹性体,机轮轮毂假设为刚性体。

(3) 土体和砂堤采用 DP 材料,并假设为理想弹塑性材料,且遵循 Drucker-Prager 屈服准则。

7.1.1　DP 材料

DP 材料选项使用德鲁克-普拉格(Drucker-Prager)屈服准则,此屈服准则对摩尔-库仑(Mohr-Coulomb)准则给予近似,以此来修正 Von Mises 屈服准则,即在 Von Mises 表达式中包含一个附加项。其流动准则既可以使用相关流动准则,也可以使用不相关流动准则,其屈服面并不随着材料的逐渐屈服而改变,因此没有强化准则,然而其屈服强度随着侧限压力的增加而相应增加,其塑性行为被假设为理想弹塑性。另外,这种材料考虑了由于屈服而引起的体积膨胀,但不考虑温度变化的影响。Drucker-Prager 准则考虑了围压(静水压力)对屈服特性的影响,并且能反映剪切引起膨胀(扩容)的性质。因此,可采用 Drucker-Prager 准则描述飞机冲入阻机砂堤的弹塑性本构特性。

Drucker-Prager 准则表达式为

$$f = \alpha I_1 + \sqrt{J_2} - K = 0 \tag{7-1}$$

式中：I_1 为应力第一不变量；J_2 为应力偏量第二不变量；α,K 为试验参数，与材料性质及模型选择有关，可以用黏聚力 c 和内摩擦角 φ 确定。α、K 采用下式表示：

$$\alpha = \frac{2\sin\varphi}{\sqrt{3}\,(3-\sin\varphi)}, \quad K = \frac{6c\cos\varphi}{\sqrt{3}\,(3-\sin\varphi)} \tag{7-2}$$

只要确定了内摩擦角 φ 及黏聚力 c，应力和应变之间的关系也就确定了。

7.1.2 DP 材料常数

1. DP 材料的材料特性值

膨胀角 φ_f 用来控制体积膨胀的大小，对压实的颗粒状材料，当材料受剪时，颗粒将会膨胀，如果膨胀角 $\varphi_f=0$，则不会发生体积膨胀，如果 $\varphi = \varphi_f$，则材料体积将会发生严重膨胀。

对 DP 材料，黏聚力 c 和内摩擦角 φ 可以通过下式转换：

$$\varphi = \arcsin\left[\frac{3\sqrt{3}\beta}{2+\sqrt{3}\beta}\right]$$

$$c = \frac{\sigma_y \sqrt{3}\,(3-\sin\varphi)}{6\cos\varphi} \tag{7-3}$$

式中：β,σ_y 由受压屈服应力 σ_c 和受拉屈服应力 σ_t 计算得来：

$$\beta = \frac{\sigma_c - \sigma_t}{\sqrt{3}\,(\sigma_c + \sigma_t)}$$

$$\sigma_y = \frac{2\sigma_c \sigma_t}{\sqrt{3}\,(\sigma_c + \sigma_t)} \tag{7-4}$$

2. DP 材料的屈服准则

对 DP 材料，其等效应力的表达式为

$$\sigma_e = 3\beta\sigma_m + \left[\frac{1}{2}\{S\}^T[M]\{S\}\right]^{\frac{1}{2}} \tag{7-5}$$

式中：σ_m 为平均应力或静水应力，$\sigma_m = \frac{1}{3}(\sigma_x + \sigma_y + \sigma_z)$；$\{S\}$ 为偏差应力；β 为材料常数；$[M]$ 为 Mises 屈服准则中的 $[M]$。

上面的屈服准则是一种经过修正的 Mises 屈服准则，它考虑了静水应力分量的影响,静水应力(侧限压力)越高,则屈服强度越大。

由式(7-2)可得,材料常数 β 为

$$\beta = \frac{2\sin\varphi}{\sqrt{3}\,(3-\sin\varphi)} \tag{7-6}$$

材料的屈服参数定义为

$$\sigma_y = \frac{6c\cos\varphi}{\sqrt{3}\,(3-\sin\varphi)} \tag{7-7}$$

屈服准则的定义表达式为

$$F = 3\beta\sigma_m + \left[\frac{1}{2}\{S\}^T[M]\{S\}\right]^{\frac{1}{2}} - \sigma_y = 0 \tag{7-8}$$

对 DP 材料,当材料参数给定后,其屈服面为一圆锥面,此圆锥面是六角形的摩尔-库仑屈服面的外切锥面。如图 7.1 所示。

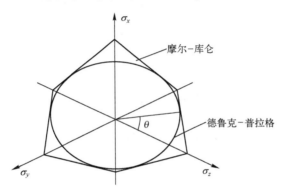

图 7.1　德鲁克-普拉格屈服面和摩尔-库仑屈服面

7.1.3　材料模型

1. 机轮

机轮的轮毂选用刚体材料,建立模型时采用 ＊MAT_RIGID 材料模型。机轮轮胎选用线弹性体,建立模型时轮胎采用 ＊MAT_ELASTIC 材料模型。模型的模拟计算中采用的相关参数如表 7.1 所列。

表 7.1　机轮的主要材料参数

	密度/(kg/m³)	弹性模量/MPa	泊松比
＊MAT_RIGID	4000	2.07×10^5	0.3
＊MAT_ELASTIC	2000	4.07×10^4	0.45

2. 土质地面

土质地面选用 DP 材料,建立模型时土质地面采用 * MAT_DRUCKER_
PRAGER 材料模型。模型的模拟计算中采用的相关参数如表 7.2 所列。

表 7.2 土质地面的主要材料参数

密度/(kg/m³)	剪切模量/MPa	泊松比	内摩擦角/(°)	黏聚力/kPa
1830	0.8×10^4	0.42	35	0.15×10^5

3. 阻机砂堤

阻机砂堤选用 DP 材料,建立模型时阻机砂堤采用 * MAT_DRUCKER_
PRAGER 材料模型。模型的模拟计算中采用的相关参数如表 7.3 所列。

表 7.3 阻机砂堤的主要材料参数

密度/(kg/m³)	剪切模量/MPa	泊松比	内摩擦角/(°)	黏聚力/kPa
1790	0.249×10^2	0.29	28	1.04

7.1.4 有限元模型

在本节的数值计算中,土质地面和阻机砂池尺寸分别取 8.66m×1m×0.2m、
8m×0.9m×0.2m,机轮直径为 0.66m。

在本节的数值计算中,按照图 7.2、图 7.3 中机轮和阻机砂堤的实际外形建
立模型。为提高计算效率和计算精度,在三维实体模型中所采用的有限元网格
都尽量接近正方体的六面体网格。

图 7.2 机轮和阻机砂堤的有限元模型立面图

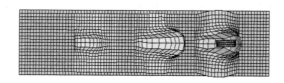

图 7.3 机轮和阻机砂堤的有限元模型平面图

为了有更多的机会调整材料模型,对阻机砂堤,在缺乏材料动态性能参数
的前提下,尽量降低计算的规模,提高计算效率,将更多的时间花费在对物理现

象的认识和理解上。建模过程中,建立了自由边界。

计算模型中网格为正方体。在网格划分中,尽量使机轮和阻机砂堤网格尺寸接近,阻机砂堤全部采用均匀网格,其单元尺寸为 0.1m,只在土质地面的底面进行全约束,因此土质地面和阻机砂堤是相对不动的。

7.2 数值计算结果分析

7.2.1 数值计算结果

使用飞机 B 数据对阻机砂堤性能进行模拟仿真。飞机 B 的总质量为 8.655×10³kg;道面摩阻系数为 0.2;飞机在被拦过程中不使用反推力和刹车装置。构型 I 中前两个阻机砂堤高度为 0.3m,后一个高度为 0.5m,底面宽度和顶面宽度分别为 0.6m、0.2m,阻机砂堤之间的中心间距为 0.2m,如图 7.4 所示;构型 II 中第一个阻机砂堤高度为 0.1m,中间阻机砂堤高度为 0.3m,后一个高度为 0.5m,底面宽度和顶面宽度分别为 0.6m、0.2m,阻机砂堤之间的中心间距为 0.2m,如图 7.5 所示;构型 III 是尺寸为 8m×0.9m×0.2m 的阻机砂池,如图 7.6 所示;构型 IV 为 8m×0.9m×0.2m 的阻机砂池和 0.9m×0.3m 的阻机砂堤,其底面宽度和顶面宽度分别为 5m、4m,如图 7.7 所示;构型 V 为 5m×0.9m×0.2m 的阻机砂池和 0.9m×0.66m 的阻机砂堤,其底面宽度和顶面宽度分别为 4m、2m,如图 7.8 所示;构型 VI 为线性增加的阻机砂堤,其长度和最终高度分别为 6m、0.3m,如图 7.9 所示;土质地面模型图如图 7.10 所示。

图 7.4 阻机砂堤构型 I

图 7.5 阻机砂堤构型 II

经模拟仿真得到了飞机冲出跑道速度曲线、飞机冲出跑道距离曲线以及飞机冲出跑道加速度曲线与时间的关系。图 7.11~图 7.31 所示为不同结构形式的阻机砂堤的计算结果图。

图 7.6　阻机砂堤构型Ⅲ

图 7.7　阻机砂堤构型Ⅳ

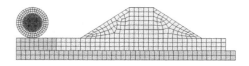

图 7.8　阻机砂堤构型Ⅴ

图 7.9　阻机砂堤构型Ⅵ

图 7.10　土质地面模型图

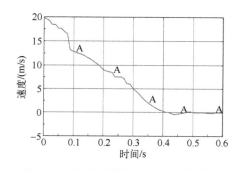

图 7.11　阻机砂堤构型Ⅰ速度曲线图

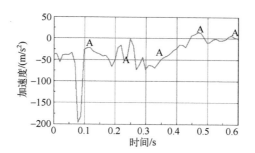

图 7.12　阻机砂堤构型Ⅰ加速度曲线图

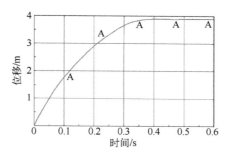

图 7.13　阻机砂堤构型Ⅰ距离曲线图

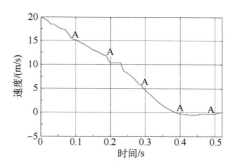

图 7.14　阻机砂堤构型Ⅱ速度曲线图

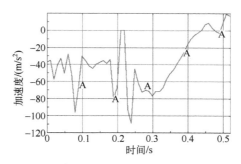

图 7.15　阻机砂堤构型Ⅱ加速度曲线图

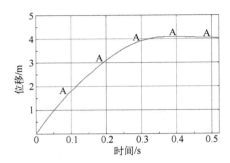

图 7.16　阻机砂堤构型Ⅱ距离曲线图

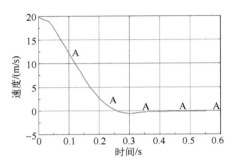

图 7.17　阻机砂堤构型Ⅲ速度曲线图

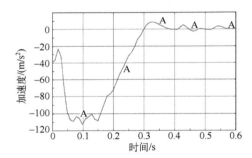

图 7.18　阻机砂堤构型Ⅲ加速度曲线图

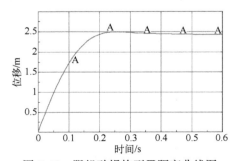

图 7.19　阻机砂堤构型Ⅲ距离曲线图

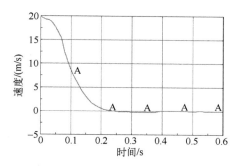

图 7.20　阻机砂堤构型Ⅳ速度曲线图

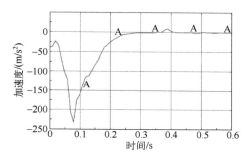

图 7.21　阻机砂堤构型Ⅳ加速度曲线图

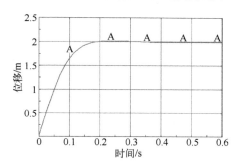

图 7.22　阻机砂堤构型Ⅳ距离曲线图

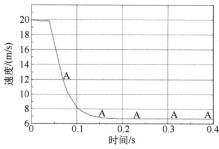

图 7.23　阻机砂堤构型Ⅴ速度曲线图

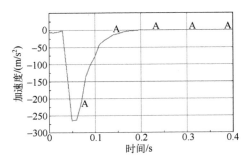

图 7.24 阻机砂堤构型 V 加速度曲线图

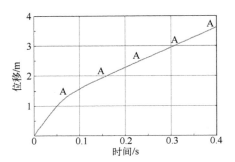

图 7.25 阻机砂堤构型 V 距离曲线图

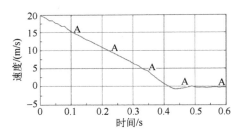

图 7.26 阻机砂堤构型 Ⅵ 速度曲线图

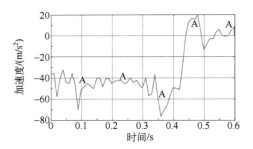

图 7.27 阻机砂堤构型 Ⅵ 加速度曲线图

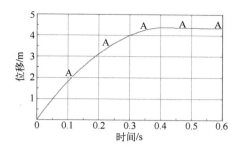

图 7.28　阻机砂堤构型Ⅵ距离曲线图

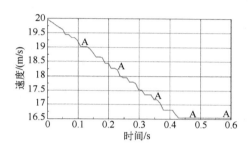

图 7.29　土质地面速度曲线图

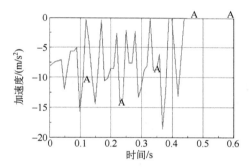

图 7.30　土质地面加速度曲线图

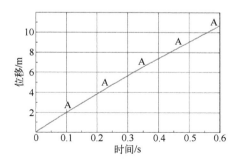

图 7.31　土质地面距离曲线图

7.2.2　计算结果的分析

通过上述曲线数据,可以进一步得到飞机被拦过程中的减加速度与冲出跑道时间的关系。由上面的曲线图分析可知,飞机刚与阻机砂堤接触时,减加速度达到最大,此后飞机速度逐渐减小,减加速度也随之降低。在飞机即将停下时,减加速度又有所增加,飞机速度迅速减小至0,随即飞机停止。

在阻机砂堤高度和坡度方面,从曲线图7.12、图7.21和图7.24可以看出,刚开始如果把阻机砂堤的高度和坡度设置过大,飞机受到的瞬间加速度也就大;在长度方面,从曲线图7.12、图7.24可以看出,阻机砂堤越长飞机受到持续冲击的时间也就越长;在阻机砂堤间距方面,从飞机冲出跑道的速度与时间曲线图7.29可以看出,土质地带对飞机的减速效果不够明显,所以阻机砂堤间距对阻拦效果的影响可以忽略。

从上述几种情况可以看出,模拟的效果与实际情况是相符的,最终可得出阻机砂堤构型Ⅰ、构型Ⅱ和阻机砂堤构型Ⅵ的拦阻效果最好,且对起落架的冲击力最小。

7.3　小　　结

通过对不同阻机砂堤构型的计算分析,可以得到以下结论:

(1)有限元软件作为强有力的工具,对动力冲击问题进行研究,能够揭示阻机砂堤的一些本质特征,具有可重复性强、易于实现的特点,其计算结果可用于指导试验。当然,数值模拟结果还需要试验的检验。

(2)分析了阻机砂堤的宽度、坡度和高度对机轮的影响。

(3)确定了阻机砂堤间距对拦阻效果影响不大。

(4)最后得出两个比较好的阻机砂堤构型,基本符合实际情况。

第8章 阻机砂堤设置方法

飞机在起飞着陆过程中,会发生冲出跑道的现象,对此类现象处理不当,往往会产生严重的飞行事故。在机场端保险道设置阻机砂,正是降低此类事故发生时所产生的危害,减小人员伤亡的有效措施。阻机砂的设置几何形状主要有构型、长度、宽度、高度等基本要素。

8.1 飞机冲出跑道事故分析

飞机起飞着陆过程所占飞行时间短,但在此期间的飞行事故却占整个飞行事故的一半以上。飞机起飞阶段驾驶比较容易,所以在起飞滑跑时冲出跑道的机会很少,只有在起飞滑跑阶段飞机发动机发生故障,临时决定中断起飞而刹不住时,飞机才会冲出跑道。而在着陆阶段,驾驶比较困难,容易产生较大的误差,所以导致事故发生的概率增大。

从以往的飞行事故可以看出,飞机冲出跑道是多种因素共同作用的结果。归纳起来主要有两点,即人为因素和自然因素。

1. 人为因素

导致飞行事故的人为因素是指因为人为原因而产生的飞行事故,该类事故可以通过采取相应的措施得到有效的避免。

(1) 机械师在飞行准备阶段未能检查出飞机的事故隐患,在飞行过程中飞机的自身系统或设备故障,致使飞机在飞行过程中发生故障。

(2) 在飞行阶段,地面指挥人员指挥不当,对飞行造成一定的影响引发飞行事故。

(3) 飞行员技术水平是引发事故的一个重要原因。在飞行过程中,由于飞行员未按操作规程驾驶飞机或是在紧急情况下对飞行条件、飞机状况的判断失误,而使飞机失控引发飞行事故。

2. 自然因素

在飞行过程中自然因素的影响是不可避免的,难以进行有效控制,只能对自然条件进行观察总结,有针对性地进行防范,从而降低事故发生。自然因素主要包括:

(1) 天气原因:天气条件是影响飞行的重要因素,在晴天飞行,其能见度较好,而在雨雪天气,使飞行条件变恶劣,容易引发事故。

(2)场地条件:虽然在建造机场前要进行严格的评定,但由于地形、造价等多方面原因的影响,大多数机场在环境方面都有一定的不足。例如,因选址不良导致净空不能满足飞行条件、机场设计不合理或者因为机场使用时间过长而使道面不平整。

飞机冲出跑道时,飞机往往会偏离跑道中线。根据飞机冲出跑道事故的数据分析可以发现,绝大多数飞机冲出跑道后在300m范围内停止,这与端保险道设置现状比较符合。但也有飞机冲出跑道距离超过300m,假如不设置拦阻设施,飞机将冲出围界,引发事故。因此,从飞机冲出跑道的分布情况,可以看出在端保险道设置阻机砂堤的重要性。

从飞机冲出跑道后偏离跑道中线横向距离来看,飞机往往会偏离跑道中线冲出跑道,其偏离距离也随冲出跑道距离的增加而增大。而目前阻机砂堤设置宽度与跑道同宽,对比偏离值可以发现,当前阻机砂堤设置宽度不能满足实际应用,应予以修正。

8.2 阻机砂堤构型设置

阻机砂堤与标准的端保险道对飞机可拦速度(飞机能够完全被拦停的速度)的要求基本相同。据事故统计资料显示,绝大多数飞机冲出跑道速度一般低于36.1m/s,冲出跑道后在跑道端以外300m以内停止。

8.2.1 阻机砂堤设置位置

阻机砂堤是建在端保险道上用于拦阻冲出跑道飞机的拦阻系统,其设置位置中心与跑道中线延长线相重合。为保证砂堤拦阻的可靠性,在设置砂堤位置时应考虑飞机在跑道端起飞时尾喷气流对阻机砂堤的影响。

尾喷气流危险区域通常按慢车推力和起飞推力划分。表8.1根据不同破坏力等级,将尾喷气流风速进行划分,并指出了不同等级下风速的破坏力。

表 8.1 不同风速等级下的破坏力

风速/(m/s)	在相应风速下产生的破坏力	相应区域
58.3~42.3	人被掷出或拾起、砖结构房屋被完全破坏、破坏力极强	1 区
42.3~29.2	人被掷出或拾起、简易的工业建筑或其钢结构框架产生损伤	2 区
29.2~18	中度损伤简易建筑或运输型飞机	3 区
18~5.5	轻度到中度损坏运输型飞机	4 区
<5.5	非危险区域	5 区

发动机运行时,涡轮后的燃气继续膨胀,将剩余的热熔充分转变成动能,高温高速的燃气从尾喷口喷出。图 8.1 为 A320 飞机进口气流和尾喷气流的影响区域图。

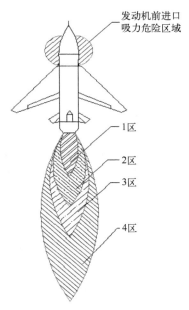

发动机前进口
吸力危险区域

1区
2区
3区
4区

图 8.1　A320 飞机进口气流和尾喷气流的影响区域图

如图 8.1 所示,飞机前部为进口气流的危险区域,发动机后部为相应破坏等级对应的危险区域。尾喷气流对阻机砂堤的影响,主要考虑飞机起飞滑跑前尾喷气流对其结构的吹蚀破坏,以及结构和气流中腐蚀物对砂子性能的破坏。

A320 飞机发动机在慢车状态的 1 区、2 区即尾喷气流速度大于 29.2m/s 的影响范围为发动机喷口后 25m,3 区、4 区即速度在 29.2~5.6m/s 的影响范围为发动机喷口后 61m。在进入起飞状态时,其影响范围迅速扩大,1 区、2 区接近于喷管后近 55m,3 区、4 区的范围扩大至 140m。

除了喷气速度可构成影响外,喷气中含有少量具有腐蚀性的一氧化碳、未燃碳氢化合物和氮氧化物等物质,长期积累对其性能造成很大破坏。一氧化碳和未燃碳氢化合物通常在发动机慢车和其他低功率的状态时燃油不完全燃烧产生。在考虑这些腐蚀性物质的破坏作用时,可以将其看作水平方向的减速运动和竖直方向的自由落体运动,通过慢车状态喷口排气速度可以计算其水平达到的最远距离。该型飞机发动机在跑道端部进入起飞状态气流在喷口速度为55.6km/h,发动机距地面 2m,则腐蚀物水平运动距离为 33m。

从上述发动机气流速度和腐蚀性分析可知,采取相应的措施是十分必要的。在机场设计阶段,飞机起飞点距跑道端 50m,端保险道上过渡段长度为 60m,对于配置 CFM58-5B 发动机型号飞机的机场,其砂堤设置应距过渡段最小距离为 30m。对于不同型号的发动机,其尾喷气流的影响范围是不同的,因此,计算得到的阻机砂堤设置距离也不同,应根据实际情况进行分析,一般以 50m 为宜。

8.2.2　阻机砂堤纵向构型

不同构型阻机砂堤对冲出跑道飞机拦阻效果也是不同的,选择合适的阻机砂堤形式能够将其拦阻效能发挥到最大,同时不破坏飞机结构,保证飞机和飞行员的安全。

在第 5 章中对飞机进入不同构型阻机砂堤的运动特性进行了有限元模拟,对其速度特性、加速度特性和拦阻距离进行了分析,得出分段递进型阻机砂堤的形式是最优形式,如图 8.2~图 8.5 所示。

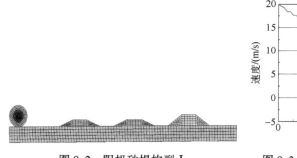

图 8.2　阻机砂堤构型 I

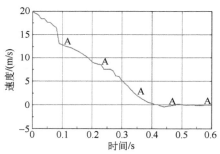

图 8.3　阻机砂堤构型 I 速度曲线图

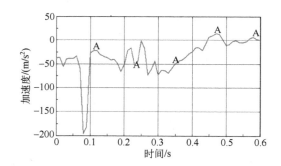

图 8.4　阻机砂堤构型 I 加速度曲线图

图 8.2 为有限元模拟的设置方案,为综合考虑了拦阻效能、对飞机和飞行员的损害以及施工维护等多方面要求的最优方案,其主体部分为几道分段设置的阻机砂堤,前面部分主要作用为降低飞机初始速度,防止一开始拦阻力过大

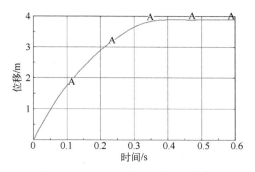

图 8.5　阻机砂堤构型位移曲线图

而折断起落架,后面部分起到主要的拦阻效果,拦停冲出跑道的飞机。

　　从图 8.3 速度模拟效果曲线中可以发现,在进入第一道砂堤后,其速度降低值较少,在经过第二道、第三道砂堤后,速度降低很明显。图中说明第一道砂堤主要作用是减速从而达到缓冲的目的,后几道砂堤的作用是拦停飞机。

　　从图 8.4 可以看到,飞机经过第一道砂堤的减加速度较小,减速作用并不明显,砂堤对飞机的拦阻力并不是很大,对瞬时飞机产生的冲击力较小,防止因速度过快而损坏飞机或对飞行员造成伤害。

　　图 8.5 所示为拦阻距离模拟曲线,从图可看出:在起始阶段速度较大,飞机在砂堤上通过的距离随时间变化较快;在后面阶段,其速度在拦阻力作用下已经有所降低,其通行距离随时间变化逐渐减小,最终飞机停止。其拦停距离为 3.9m。

　　因此,考虑到阻机砂堤在拦阻过程中对飞机速度、加速度和拦停距离的影响,图 8.2 所示的分段递进型阻机砂堤是比较理想的砂堤构型。

8.2.3　阻机砂堤横向构型

　　资料显示,飞机冲出跑道后并不全是停在与跑道同宽的跑道延伸区上,往往在冲出跑道后偏离跑道延伸区以外,因此只在跑道延伸区内设置横向的阻机砂堤往往不能满足使用要求。单纯的加宽砂堤的覆盖范围,也会造成一定的浪费,不符合工程实际应用。

　　根据飞机冲出跑道分布图,将飞机冲出跑道后的整个区域进行划分,将其分为 4 个区。A 区为跑道端至跑道中线延长线方向 200m 范围,绝大多数飞机冲出跑道后都停在该区域范围。该范围是飞机冲出跑道后安全拦停的主要保障区域,其阻机砂堤可以横向设置,即为传统的砂堤设置形式,根据多年的使用经验,此设置方法可以满足在该范围内的使用要求。

　　B 区与 C 区为 A 区向两侧延伸部分,其延伸范围依据飞机冲出跑道后与跑道中线延长线的垂直距离有关。该区域的砂堤设置在此之前没有详细的研究,往往阻机砂堤无法发挥应有的作用,并且也超出了拦阻网的保障范围,因此该区域发生的冲出跑道事故成为一个盲区。为保证飞机冲出跑道进入该区域后得到有效地拦阻,依据这两个区域飞机冲出跑道的分布规律,建议在该区设置阻机砂堤,其砂堤设置形式为沿一定角度的扇形扩展。其阻机砂堤整体设置如图8.6所示。

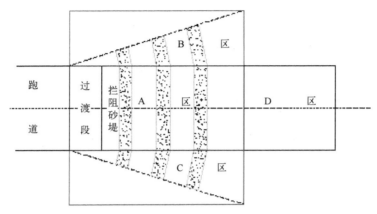

图8.6 端保险道阻机砂堤构型

D区为跑道延伸区200m处至端保险道端部。一般情况下,在D区可以根据实际情况论证是否有必要设置阻机砂堤。

图8.6阻机砂堤的设置形式,可以满足飞机冲出跑道后不同方向的拦阻要求,扩大了拦阻范围。同时,B区和C区砂堤的设置角度与飞机冲出边界运动方向基本保持垂直,使之在碰撞过程中保持左右主起落架的受力平衡,保证其拦阻过程的稳定性。一般情况下,B区和C区砂堤设置范围为以30°角向两边扩散。

8.3 阻机砂堤尺寸设计

利用砂堤拦阻冲出跑道的飞机,其基本原理是:砂材料具有较强的陷落作用,当飞机进入砂堤后,由于飞机自身重力的作用使机轮陷入砂堤,从而对飞机产生较大的拦阻力作用,飞机在砂堤上行进时需克服制动阻尼做功,将飞机的动能转化为其他形式能量,最终拦停冲出跑道的飞机。

8.3.1 砂堤长度计算

在端保险道设置阻机砂堤目的是消耗飞机冲出跑道的动能,因此在设计阻机砂堤长度时,其拦阻力所能提供的制动阻尼做功应不小于飞机冲出跑道时的动能。在计算阻机砂堤长度时,主要从力学角度进行分析,对于其他形式能量之间的相互转化,暂不予以考虑。在此,动能转化为摩擦力做功和势能的变化,根据动能定理可知:

$$\frac{1}{2}mv^2 = \sum F_n L_n + GL_6 \tag{8-1}$$

式中:F_n 为在砂堤上所受的拦阻力;G 为飞机重力;L_6 为飞机在竖直方向距离变化;L_n 为对应拦阻力所作用的距离。

对于三点式滑行的飞机,主起落架与前起落架之间的受力是不同的,应予以分开计算。

由第6章机轮拦阻力分析可知,F_n 在水平方向上主要由5个力共同做功组成,分别是压实阻力 $F_{压}$、剪切阻力 $F_{剪}$、滑转阻力 $F_{滑}$、推土阻力 $F_{推}$;在竖直方向上,由飞机重力做功,使其势能发生变化。因此,式(8-1)可以表示为

$$\frac{1}{2}mv^2 = F_{压} L_1 + F_{剪} L_2 + F_{滑} L_3 + F_{推} L_4 + GL_6 \tag{8-2}$$

压实阻力 $F_{压}$、剪切阻力 $F_{剪}$、推土阻力 $F_{推}$ 作用距离都为飞机在阻机砂堤上通行的距离 L,滑转阻力 $F_{滑}$ 做功是由于轮子与砂土相对滑动引起的能量损失,其作用距离为机轮与砂土接触面的相对滑动距离。假设轮胎的滑转率为 s,则按照滑转率的定义可知滑转率为相对速度的比值,即

$$s = \frac{\omega R - V}{\omega R} \tag{8-3}$$

式中:ω 为机轮的实际角速度;R 为机轮半径;V 为机轮在砂堤中水平运动速度。

对于机轮实际角速度和水平运动速度而言,其运动时间是一致的,因此式(8-3)滑转率计算公式可以转化为滑转率与运动距离之间的关系式:

$$s = \frac{L' - L}{L'} \tag{8-4}$$

式中:L' 为轮胎理论滚动距离,指在无相对滑转情况下的滚动距离;L 为机轮在砂堤上实际通过的距离。

滑转阻力 $F_{滑}$ 的作用距离为

$$L_3 = L' - L = \frac{s}{1-s}L \tag{8-5}$$

势能变化即重力在竖直方向所做的功。为了满足排水、起飞着陆以及工程实际需要,保证机场正常使用,对飞行场地的物理特性提出一定的要求,其中砂堤纵坡就是其中的一类。因此,其重力作用距离为

$$L_6 = L\sin\alpha \tag{8-6}$$

将式(8-5)、式(8-6)代入式(8-2),得

$$\frac{1}{2}mv^2 = \left(F_{压} + F_{剪} + F_{滑}\frac{s}{1-s} + F_{推} + G\sin\alpha\right)L \qquad (8-7)$$

根据式(8-7)可以求得阻机砂堤在水平方向上的设置长度,代入各变量,得

$$L = \frac{1}{2}mv^2 / E_B + G\sin\alpha$$

$$E_B = \begin{Bmatrix} b_1\left(\dfrac{h_1^{n+1}}{n+1}\right)\left(\dfrac{k_c}{b_1} + k_\varphi\right) + r_1 b_1 \int_0^{\theta_{m1}} \tau_1(\theta)\cos\theta + \dfrac{s}{1-s}f\sigma_1(\theta)\mathrm{d}\theta \\[2mm] + \dfrac{b_1\sin(\alpha_1 + \varphi)}{2\sin\alpha_1\cos\varphi}(2h_1 cK_c + \gamma h_1^2 K_\gamma) + \dfrac{\pi l_1^3 \gamma(90° - \varphi)}{540} \\[2mm] + \dfrac{c\pi l_1^2}{180} + c l_1^2 \tan(45° - \varphi/2) \\[2mm] + b_2\left(\dfrac{h_2^{n+1}}{n+1}\right)\left(\dfrac{k_c}{b_2} + k_\varphi\right) + r_2 b_2 \int_0^{\theta_{m2}} \tau_2(\theta)\cos\theta + \dfrac{s}{1-s}f\sigma_2(\theta)\mathrm{d}\theta \\[2mm] + \dfrac{b_2\sin(\alpha_2 + \varphi)}{2\sin\alpha_2\cos\varphi}(2h_2 cK_c + \gamma h_2^2 K_\gamma) + \dfrac{\pi l_2^3 \gamma(90° - \varphi)}{540} \\[2mm] + \dfrac{c\pi l_2^2}{180} + c l_2^2 \tan(45° - \varphi/2) \end{Bmatrix} \qquad (8-8)$$

8.3.2 砂堤宽度设计

阻机砂堤的宽度决定砂堤的拦阻范围,由飞机冲出跑道的分布可知,飞机冲出跑道并不一定在跑道正对的范围内,有时会偏出一定距离。随阻机砂堤宽度的增加,其拦阻范围增大,但其经济性和维护性就相应降低。

综合考虑保障效率与经济性的关系,建议阻机砂堤设置宽度覆盖范围应不低于飞机冲出跑道横向最远距离。阻机砂堤主体部分(A 区横向部分砂堤)宽度能够保证80%的飞机冲出跑道事故使用安全要求,延伸部分(B、C 区砂堤)覆盖其余20%的飞机冲出跑道范围。具体宽度尺寸与飞机冲出跑道实际分布情况有关,应针对实际情况进行设计。

8.3.3 砂堤高度设计

机轮陷入砂中,是砂堤产生拦阻力的主要原因,因此合理的砂堤高度既能保证拦阻效率,又能保护飞机起落架不受破坏。理论上,阻机砂堤的设置高度可以根据机轮在砂中的陷入深度确定。砂堤的高度设计公式为

$$H = h_\mathrm{d} = As + \left[\cfrac{3W}{B\left(\cfrac{k_\mathrm{c}}{B} + k_\varphi\right)\sqrt{D}\,(3-n)} \right]^{\frac{2}{2n+1}} \qquad (8\text{-}9)$$

式中各参数的含义同前。

8.4 砂堤设计模型的参数敏感性分析

在进行砂堤长度设计时,对参数取值的不同,其计算结果也不同。为保证计算结果的精确性,确保实际拦阻效果,应对砂堤设计公式中的各个参数进行分析,根据其对计算结果的敏感性程度,对参数的取值进行限定。

8.4.1 参数敏感性分析方法

假设有一系统模型,其特性方程为 $F = f(x_1, x_2, \cdots, x_n)$,其中:$x_i(i=1,2,\cdots,n)$ 为决定系统特性的各参数。如给定某一基准状态 $\boldsymbol{X}^* = (x_1^*, x_2^*, \cdots, x_n^*)$,系统特性值为 $F^* = f(\boldsymbol{X}^*)$。令各个参数在其各自允许的范围内波动,分析由这些参数波动引起系统特性值 F 偏离基准状态特性值 F^* 的趋势和程度,这种分析方法就是参数敏感性分析。一般情况下,基准状态下参数值应根据研究的具体问题给出。在分析参数 x_i 对特性值 F 的影响时,令其余参数基准值保持固定不变,而只令参数 x_i 在可能范围内波动,此时系统表现为

$$F = f(x_1^*, x_2^*, \cdots, x_n^*) \qquad (8\text{-}10)$$

据此可分析参数 x_i 变化时,对特性值 F 的影响,这种方法分析的是系统特性单因素敏感行为。在实际情况中,决定系统特性值的各个参数往往是不同的物理量,单位、量纲等各不相同,为了比较系统特性值对各个参数的敏感程度,须进行无量纲化处理,绘制相对误差 $\delta F = \Delta F/F^*$ 与 $\delta\boldsymbol{X} = \Delta x_i / x_i^*$ 之间的关系曲线,该曲线切线的斜率的绝对值定义为敏感度函数:

$$a(x_i^*, \Delta x_i) = |\delta F| / |\delta\boldsymbol{X}| \qquad (8\text{-}11)$$

式中:$i = 1, 2, \cdots, n$。

由上式可知,给定不同 Δx_i 值,将会得到不同的 a 值,即 $a(x_i^*, \Delta x_i)$ 是 x_i^* 和 Δx_i 的函数,随着基准状态不同,其值也将发生变化。

有了参数敏感性函数,就可比较系统特性对各参数的敏感程度,敏感性函数值越大,系统特性对该参数越敏感,则在参数取值时应更加精确。

8.4.2 阻机砂堤长度设计模型

由 8.3 节砂堤计算模型可知,该模型的参数主要由砂土参数与机轮参数两

部分构成。机轮参数选取时,根据其实际尺寸进行计算;而对于砂土参数的选取,一般是依据试验或规范进行选取,在选取时,难免会造成一定的误差,对结果造成一定的影响。对于敏感性较强的参数,对其数值的选取应予以限制,使计算结果精确。

从模型中发现,砂土相关的计算参数有变形指数 n、内聚力模量 k_c、摩擦模量 k_{φ}、内摩擦角 φ、黏聚力 c、土重度 γ 等参数。其中部分参数之间存在一定的关系,在进行参数敏感性分析时,可以针对其相关关系进行分析。

模型中变形指数 n、内聚力模量 k_c、摩擦模量 k_{φ} 是一组相关参数,其物理意义是表征砂土承压特性,可用贝氏仪测定其数值,k_c、k_{φ} 根据指数 n 的不同有可变量纲。因此,对比该组参数进行敏感性分析,即可得到参数敏感度,对参数的选取起到限定作用。

砂土中抗剪强度主要由内摩擦力构成,黏聚力 c 对其影响并不是很大。因此,在做敏感性分析时,黏聚力 c 可以忽略,主要考虑内摩擦角 φ 的影响。砂土的内摩擦角变化范围不是很大,中砂、粗砂、砾砂的 φ 值一般为 $32° \sim 40°$;粉砂、细砂的 φ 值一般为 $28° \sim 36°$。孔隙比越小,φ 越大,但是对于含水的粉砂、细砂很容易失去稳定,因此在对内摩擦角选取时应慎重。内摩擦角 φ 与黏聚力 c 可根据三轴试验或直剪试验获得,当内摩擦角确定后,模型中太沙基承载力系数 N_c、N_{γ} 可以查表得到。

砂土重度 γ 是影响拦阻效果的重要因素之一,在计算设计砂堤长度时都以砂土的干重度为准,而在实际情况下,由于天气原因,砂堤内部不是绝对干燥,其重度介于干重度与饱和重度之间。

通过敏感性分析,可以看出参数对模型的影响程度。对于敏感度高的参数,选取应依据其实际情况,有必要进行现场实验获取相关参数;对于敏感度相对较低的参数,可依据标准或者参照与其相近材料的参数。

8.4.3 阻机砂堤设计参数敏感性分析

在做敏感性分析时,首先选取参数的基准值,其基本参数为:$\varphi = 28°$、$N_{\gamma} = 0.98$、$N_c = 7.4$、$n = 1.1$、$k_c = 0.95\text{kPa}$、$k_{\varphi} = 1528.43\text{kPa}$、$\gamma = 2.7\text{kN/m}^3$、$c = 1.04\text{kPa}$、$s = 0.2$、$f = 0.25$、$A = 0.22$、剪切模量 $G = 2.49\text{MPa}$。飞机的前后轮载荷比 $0.2:0.8$、$v = 20\text{m/s}$、场地纵坡为升坡,$i = \tan 1$。

只改变单一参数,其波动范围为 $0\% \sim 20\%$,通过无量钢化处理可以直观地反映参数对模型影响。如图 8.7 所示,通过对内摩擦角 φ、太沙基承载力系数 N_c、N_{γ} 的敏感性分析图可以看出,拦阻距离随内摩擦角增大而增大,但增幅很小,当内摩擦角 φ 增加 20% 时,拦阻距离增长 1.3%,太沙基承载力系数增大,拦阻距离略微减小。对比发现，3个参数敏感性都不强，因此在取值时可以适当放宽要求。依据经验选取φ值，再以内摩擦角φ为准，查表得到太沙基承载力系数N_c、N_γ。

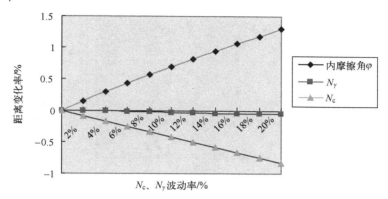

图 8.7　内摩擦角φ、太沙基承载力系数N_c、N_γ的敏感性分析

图 8.8 所示为参数变形指数n、内聚力模量k_c、摩擦模量k_φ的敏感性分析对比图。图中显示，拦阻距离随变形指数n的增大而减小，当波动值为20%，其拦阻距离缩短约11%，说明变形指数的敏感性程度较大；摩擦模量k_φ对拦阻距离的影响较小，敏感性较低；而内聚力模量k_c对结果影响更小，基本可以忽略对模型的影响。

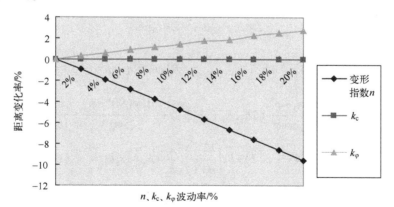

图 8.8　变形指数n、内聚力模量k_c、摩擦模量k_φ的敏感性分析

砂土的重度γ、剪切模量G等参数的敏感性如图8.9所示。图中显示，剪切模量对拦阻距离基本没有影响，而其他参数与拦阻距离成正比关系，随参数的增大，拦阻距离缩短。其中滑转率对拦阻距离的影响最为明显，即敏感性程度

最高。因此,在计算砂堤长度时,首先确定机轮与砂堤滑转率。滑转率大小与机轮和砂子材料性质及机轮荷载有关,可以通过试验求得。

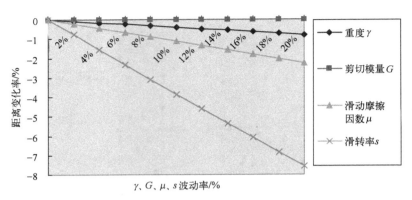

图 8.9 重度、剪切模量等参数敏感性分析图

从上述 3 幅图中可以发现,砂堤材料的性质是影响拦阻距离的直接因素。通过对比发现,砂子内摩擦角小、变形指数大,其拦阻效果好,即砂子颗粒越细、越松散,其拦阻距离越短。

通过敏感性分析可知,参数取值的精确与否是计算砂堤拦阻距离的重要影响因素。为保证拦阻效率,提高砂堤的拦阻程度,须将砂堤设计公式乘以一修正系数 K,使计算结果更加接近实际应用。

$$L = K \cdot \frac{1}{2} mv^2 / E + G\sin\alpha$$

其中

$$E = \left(\begin{array}{l} b_1 \left(\dfrac{h_1^{n+1}}{n+1} \right) \left(\dfrac{k_c}{b_1} + k_\varphi \right) + r_1 b_1 \displaystyle\int_0^{\theta_{m1}} \tau_1(\theta)\cos\theta + \dfrac{s}{1-s} f\sigma_1(\theta)\,\mathrm{d}\theta \\[3mm] + \dfrac{b_1 \sin(\alpha_1 + \varphi)}{2\sin\alpha_1 \cos\varphi} (2h_1 cK_c + \gamma h_1^2 K_\gamma) + \dfrac{\pi l_1^3 \gamma (90° - \varphi)}{540} + \dfrac{c\pi l_1^2}{180} \\[3mm] + cl_1^2 \tan(45° - \varphi/2) + b_2 \left(\dfrac{h_2^{n+1}}{n+1} \right) \left(\dfrac{k_c}{b_2} + k_\varphi \right) + r_2 b_2 \displaystyle\int_0^{\theta_{m2}} \tau_2(\theta)\cos\theta \\[3mm] + \dfrac{s}{1-s} f\sigma_2(\theta)\,\mathrm{d}\theta + \dfrac{b_2 \sin(\alpha_2 + \varphi)}{2\sin\alpha_2 \cos\varphi} (2h_2 cK_c + \gamma h_2^2 K_\gamma) \\[3mm] + \dfrac{\pi l_2^3 \gamma (90° - \varphi)}{540} + \dfrac{c\pi l_2^2}{180} + cl_2^2 \tan(45° - \varphi/2) \end{array} \right) \quad (8-12)$$

8.5 阻机砂堤设计步骤

由参数敏感性分析可知,阻机砂堤材料参数对拦阻性能影响较大,且不同机型对阻机砂堤的要求是有差异的,因此,对于阻机砂堤的设计不能一概而论,应根据实际情况制定与之对应的拦阻方案。阻机砂堤设计步骤如下:

1. 确定阻机砂堤保障机型的相关数据

在设计阻机砂堤之前,首先对机场总体情况进行调研,确定该机场主要保障机型,确定飞机的相关参数,如飞机机轮尺寸参数、飞机起飞着陆速度等。对所保障机型以往发生事故情况进行调查,收集并记录飞机冲出跑道的原因及冲出跑道后的位置分布。

2. 确定阻机砂材料的参数

由参数敏感性分析可知,阻机砂材料对拦停距离影响很大,而不同地区的阻机砂性能往往存在一定的差异,在确定阻机砂参数时以机场所在地区的砂参数为准,在没有相关资料情况下应进行试验以确定所使用阻机砂的相关参数。

3. 阻机砂堤尺寸计算

根据收集的参数,运用阻机砂堤长度设计公式(8-8)计算阻机砂堤的长度,根据长度合理地将阻机砂堤进行分段。

根据收集到关于该机型以往冲出跑道事故位置分布,按 8.3 节的要求确定阻机砂堤的设置宽度。

阻机砂堤的高度一般与飞机主轮直径相同,机轮的陷入深度可通过式(8-9)进行计算。

4. 计算起落架受到的拦阻力

阻机砂堤尺寸确定之后,可以根据设置的实际尺寸计算出机轮所受的最大水平拦阻力 T_{max} 为

$$T_{max} = F_压 + F_剪 + F_滑 + F_推 \tag{8-13}$$

为了避免拦阻过程中折断起落架,必须满足 T_{max} 不大于起落架所能承受的最大水平作用力:

$$T_{max} \leqslant kG \tag{8-14}$$

式中:k 为起落架所能承受的过载系数,$k = 0.65$。

若计算结果满足式(8-14)的要求,阻机砂堤满足安全要求;若不满足上式要求,则需降低阻机砂堤的设计高度,减小砂堤所能提供的拦阻力,重复第 3、4 步过程,直到满足不折断起落架的要求。

5. 制定相应的维护措施

由于阻机砂堤容易受环境的影响,随设置时间增加,砂堤的密实度也发生

变化,从而影响其正常使用。为保证拦阻效能,应定期对其进行维护。基本原则是:定期对砂堤进行翻松,保证其松散性;多雨季节对阻机砂堤翻松的次数应适当增加,保证其内部的干燥;发生事故后必须对砂堤进行重修;由于阻机砂堤长时间处在露天环境,受到风蚀及雨水的影响,砂堤内部的细砂将流失,从而在一定程度上影响其拦阻效能,因此长时间使用后应对阻机砂进行更换,重新设置阻机砂堤。

8.6 小   结

通过飞机冲出跑道的位置分布情况,分析了阻机砂堤的设置范围,并确定分段式阻机砂堤是拦阻效能较高的一种布局形式。

依据能量守恒原理,建立飞机冲出跑道时的能量与阻机砂堤所消耗能量之间的关系式,由此求得阻机砂堤长度的计算公式。并对砂堤计算模型进行参数敏感性分析,分析各参数对计算结果的敏感程度。分析显示:阻机砂的内摩擦角、变形指数和机轮与阻机砂的滑转率对陷入深度和拦停距离影响较大,在设计时对于这些参数应精确取值。最后,总结得到端保险道阻机砂堤设计的一般步骤。

第9章　阻机砂堤设计理论的试验验证

为了验证该设计方法的可靠性,通过开展阻机砂堤拦阻效果现场试验的方法对砂堤设计公式进行验证。试验中利用改装加固的卡车,以不同速度、不同载重对各种形式的阻机砂堤进行了实体拦阻试验,获得相关数据,进行理论分析和修正。

本次试验是以汽车为主体模拟飞机冲出跑道,通过阻机砂堤作用而模拟拦停飞机的实际情况。从理论角度看:①由力学原理研究轮胎与阻机砂的相互作用主要涉及轮胎的类型与相关参数,与试验体自身的整体结构无关。②结构体的运动已简化为理论运动,与飞机和汽车无关,只与结构体的速度相关。从速度角度看,汽车与冲出跑道飞机的速度大小差别不大。因此,运用汽车进行试验是可行的,从理论角度可以反映飞机与阻机砂堤相互作用的情况。

9.1　试验概况

本次试验是空军工程大学根据阻机砂堤设置方法的要求,于 2011 年 7 月 20 日~2011 年 8 月 10 日在西安某机场跑道端部组织实施的。该机场具有完整的道面,场地开阔(图 9.1、图 9.2),同时具备机械、人员、材料等试验条件,便于试验进行。

图 9.1　试验场地概况(一)

图 9.2　试验场地概况(二)

9.1.1　试验目的

通过开展现场拦阻试验:①可以根据实测数据,对理论分析结果准确性进行验证;②对数学模型以及其中的相关参数进行必要的修正,完善理论分析模型,增强实际应用水平;③通过试验,分析阻机砂堤在不同材料属性、不同几何形式等情况下的实际拦阻效果。

9.1.2　试验设备和材料

1. 加载车

加载车辆为重型大卡车,轮外径 1m,轮内径 0.6m,轮宽 0.2m,胎压 2.5MPa,前后轴距 4m,左右轮距 2m,车底离地 0.5m。采用机制砂配重,碰撞前用地磅称取前后桥及整车质量,以计算单轮荷载,其中满载时 11080kg,前桥 2530kg,后桥 8550kg,减载后 6920kg,前桥 2420kg,后桥 4500kg。图 9.3 为加载车在进行实体试验前称重的过程。

2. 测速仪

试验中利用 CS-10 型雷达测速仪(图 9.4)观测加载车的瞬时速度。CS-10 型雷达测速仪是一种单体枪型测速仪器,利用多普勒原理实现对地面运动目标径向速度的测量,可在静止状态下测量同向和反向的运动目标,也可在运动中测量目标。发射功率为 10~30W,静态反向测速范围 0~160km/h,测速精度 ±1km/h,测速距离 500m。

3. 试验用砂

试验中砂堤材料采用当地产的机制砂,为分析不同材料对拦阻试验效果的影响情况,采用不同类型的砂子进行试验。按照颗粒大小可分为 3 种,分别用

图 9.3　加载车称重

图 9.4　CS-10 型雷达测速仪

粗砂、中砂、细砂表示。依据《建筑用砂》标准进行砂子的材料性能试验,在空军工程大学机场建筑工程系材料试验室进行。

4. 其他设备

自卸卡车:用于运送所需的试验用材。

小 CASE 车:便于工程使用,堆筑阻机砂堤。

卷尺:测量轮辙深度和拦阻时使用。

除上述装备以外,试验过程中还用到装载机、压路机、铁锹、筛网等设备。

9.1.3　测试内容

试验是在现有理论指导下进行的现场模拟试验,根据理论分析的需要,须在现场试验中测得车速、陷入深度、拦阻距离等未知参数,以达到本次试验的目的。

1. 车速

车速分为表速和实速,表速由车辆表盘系统读出,而实速由 CS-10 型雷达测速仪测得,图9.5为测速仪测量实速过程。

图9.5　利用测速仪测量实速

2. 轮辙深度

在前一阶段的研究中,已经根据地面力学中的 Bekker 承压理论和 Janosi 剪切理论建立了机轮前进时的地面力学模型,由公式可知,轮辙陷入深度直接影响拦阻效果的好坏,轮子陷入深度越大,则产生的拦阻力越大,拦阻效果越明显;反之,轮子陷入深度越小,则产生的拦阻力也越小,拦阻效果不显著。因此,为了了解实际情况下轮辙深度与理论分析时的差异,试验过程中,拦阻深度也是一个重要的测量值。

为防止试验车冲过砂堤,轮辙周围的砂子由于自重又会回填将原先的轮辙覆盖,为此轮辙深度试验都在较低速下进行,这样就可以保证试验车停于砂堤上,而此时轮子仍陷于砂堤中,测量时比较方便。如图9.6、图9.7为停于砂地上的试验车和测量轮辙深度的过程。

图9.6　车辆前轮停在砂堤上

图 9.7　车辆前轮陷入深度测量

试验中,轮辙深度并不是直接测得的,通过测量试验车露于砂堤之上的距离,再用轮径减去测量值换算得到轮辙深度。换算得到数据见表 9.1。

3. 拦阻距离

拦阻距离是砂堤拦阻效果好坏的直观反映,拦阻距离越短,拦阻效率越高。试验中拦阻距离是指每次试验完成时,前轮轮心距砂堤前端上边界的垂直距离。

表 9.1　试验测得的陷入深度

试验次数	通行表速	通行实测	砂堤坡角	前轮陷入砂堤表面深度平均值
	km/h	km/h	(°)	m
1	10	14	45	0.45
2	10	14	45	0.35
3	10	13	45	0.33
4	10	13	45	0.36
5	10	13	45	0.33
6	10	13	45	0.28
7	10	13	45	0.19
8	10	13	45	0.27
9	10	13	45	0.33
10	10	14	45	0.3
11	10	13	45	0.28
12	10	14	45	0.28
13	10	13	45	0.26

试验次数	通行表速	通行实测	砂堤坡角	前轮陷入砂堤表面深度平均值
	km/h	km/h	(°)	m
14	10	13	45	0.27
15	10	14	45	0.28
16	10	13	45	0.28
17	10	13	45	0.28
18	10	14	45	0.31

9.2 试 验 过 程

9.2.1 测试步骤

本次试验主要工作是在现有理论的指导下,进行阻机砂拦阻过程的实体试验,通过对比理论分析与实际效果,将理论进行完善,更加符合实际应用。

1. 修筑砂堤

为满足试验需求,达到预期的试验结果,试验过程中须修筑不同形式尺寸的阻机砂堤。其中比较典型的砂堤形式有:高×宽×长分别为 0.5m×4m×4m(图 9.8)、0.35m×4m×4m(图 9.9)、0.2m×4m×4m(图 9.10)的砂堤,模拟不同高度砂堤对拦阻过程的影响。在此基础上同时还将以上形式的砂堤加以修改,分别修筑坡角为 30°、45°、60°的砂堤,分析坡角对试验过程的影响。定义:砂堤高是指砂堤上表面离端保险道表面的距离,砂堤宽是指砂堤与卡车正面撞击面的尺寸,砂堤长是指与撞击面垂直方向砂堤的尺寸。

图 9.8　高×宽×长为 0.5m×4m×4m 砂堤

图 9.9　高×宽×长为 0.35m×4m×4m 砂堤

图 9.10　高×宽×长为 0.2m×4m×4m 砂堤

2. 正交试验设计

试验过程中,影响试验结果的因子很多,且每个因子都包含不同水平,要考虑各个因素对试验结果是否有显著作用,就需在每个因素下进行大量的试验。例如,有 s 种因子影响试验结果,且每个因子下有 r 种水平,如果在每一种组合水平上做一次试验,则总共需要进行 r^s 次全面试验,给试验带来巨大的工作量。

为减少试验次数,希望在所有组合水平中挑选一部分出来,在这些组合水平上进行试验,即局部地进行试验。在进行试验时,同样要分析每个因子对试验结果作用是否显著,因此自然要求各因子水平的搭配比较匀称。本次试验运用正交试验设计的方法,对试验过程进行设计,简化试验过程。

本次试验从宏观分析影响砂堤拦阻效果,试验中影响因子主要有 3 个:砂子的含水率、砂子级配和砂堤坡角。每个因子下有 3 种水平,如表 9.2 所列。

表 9.2　影响试验结果的因素

因子 \ 水平	1	2	3
砂子含水率(A)	低(干燥)	正常状态	高(湿润)
砂子级配(B)	细砂	中砂	粗砂
砂堤坡角(C)	30°	45°	60°

正常情况下至少需做 27 次单个试验,才能对比不同因素下的拦阻效果。通过试验设计,如表 9.3 所列,则只需进行 9 次试验,就可得到同样的分析结果,大大提高试验效率。

表 9.3　正交试验设计

试验号 \ 列号	1 A	2 B	3 C	组合水平	试验值
1	1	1	1	A1B1C1	Y_1
2	1	2	2	A1B2C2	Y_2
3	1	3	3	A1B3C3	Y_3
4	2	1	2	A2B1C2	Y_4
5	2	2	3	A2B2C3	Y_5
6	2	3	1	A2B3C1	Y_6
7	3	1	3	A3B1C1	Y_7
8	3	2	1	A3B2C1	Y_8
9	3	3	2	A3B3C2	Y_9

表中试验值即拦阻距离,通过观察拦阻距离的大小,可以直观地反映不同因素影响下拦阻效果。

3. 模拟拦阻过程

实体撞击过程是本次试验的主体过程(图 9.11~图 9.13),直接影响试验的质量。试验中选取经验丰富的驾驶员来控制卡车,试验时驾驶员驾驶试验车在较远加速起步确保在冲击前达到设计的冲击速度;达到设计速度后匀速行驶至砂堤前一小段距离时松油门,挂至空挡,保证拦阻过程不受卡车本身动力的影响。

由于试验过程存在一定的危险,考虑到驾驶员的安全,本次试验都在较低车速下进行,最高车速为表速 40km/h,以确保试验的安全性。

108

图 9.11　试验车匀速行驶至砂堤前

图 9.12　空挡状态进行冲击

图 9.13　砂堤的拦阻过程

9.2.2　试验结果分析

通过现场试验,得到不同因子在不同水平下的砂堤拦阻距离,以低速

10km/h 条件为例,对试验现象做正交分析。计算可得试验值的平均值,如表9.4所列。

表9.4　不同水平下的拦阻距离试验值

试验值	Y_1	Y_2	Y_3	Y_4	Y_5	Y_6	Y_7	Y_8	Y_9
平均值/m	2.9	3.2	3.4	3.0	3.2	3.5	3.2	3.4	3.6

根据正交设计原理,检验各因子对母体是否有显著影响。首先计算各因子在每一种水平下的试验值平均数,即

$$\begin{cases} K_1^A = Y_1 + Y_2 + Y_3 \\ K_2^A = Y_4 + Y_5 + Y_6 \\ K_3^A = Y_7 + Y_8 + Y_9 \\ K_1^B = Y_1 + Y_6 + Y_8 \\ K_2^B = Y_2 + Y_5 + Y_8 \\ K_3^B = Y_3 + Y_6 + Y_9 \\ K_1^C = Y_1 + Y_6 + Y_8 \\ K_2^C = Y_2 + Y_4 + Y_9 \\ K_3^C = Y_3 + Y_5 + Y_7 \end{cases} \tag{9-1}$$

其平均数:

$$k = \frac{1}{3}K \tag{9-2}$$

通过计算,得

$$\begin{cases} k_1^A = 3.17 \\ k_2^A = 3.23 \\ k_3^A = 3.4 \\ k_1^B = 3.03 \\ k_2^B = 3.27 \\ k_3^B = 3.5 \\ k_1^C = 3.27 \\ k_2^C = 3.27 \\ k_3^C = 3.27 \end{cases} \tag{9-3}$$

110

以实际水平为横坐标,平均拦阻距离为纵坐标,对不同因子作图。如图9.14~图9.17所示,分别为3个因子下对拦阻距离影响的显著性分析图。

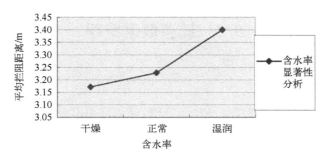

图9.14　含水率对拦阻距离的影响趋势

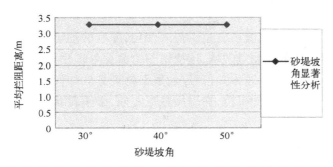

图9.15　砂堤坡角对拦阻距离的影响趋势

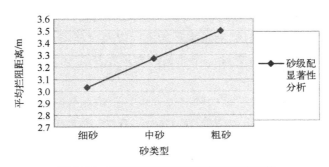

图9.16　砂子级配对拦阻距离的影响趋势

从图9.14中看出干燥砂堤的拦阻距离比湿润砂堤拦阻距离短,说明含水率越大,其拦阻效果越差。图9.15显示,砂堤坡角对拦阻距离并无显著影响,其坡角变化不会影响拦阻距离;图9.16显示,砂级配对拦阻距离显著影响,砂子越细,拦阻距离越短。

综上所述,细砂的拦阻效果比较好,这与之前敏感性分析得到的结论一致。同时,砂堤在干燥状态下,即含水率保持较低水平时,拦阻效果要好。

9.3 试验数据整理

9.3.1 粗差处理

由于客观因素与主观因素的影响,造成试验过程中测量观测数据中不可避免地存在误差。按照误差的来源,可将误差分为系统误差与偶然误差;按照误差的大小,又可将误差分为可容忍误差与粗差(错误)。

数据处理是测量工作中必不可少的一项内容,也是测量成果获取的关键步骤,测量数据处理精度的高低直接关系到测量成果的可靠性。近些年,随着科学的发展,使得测量数据处理发生了很多变化,原有的理论和方法不断改进,新的数学方法也不断引进测量领域,这使得测量数据处理理论得到了极大的发展和扩充。但是,不管测量技术如何发展,数据处理方法如何扩展,测量数据中含有粗差是一件不可避免的事情,在引用数据之前,必须对其进行有效处理,以保证分析结果的准确性。

1. 粗差的来源

粗差主要由测量过程中某些意外事件或者不确定的意外因素所引起,从测量误差来源分析,可将粗差的来源归为以下几类:

(1)人为因素。人作为测量工作的主体,对测量结果的好坏有直接的影响。由于测量人员记录错误、测量水平的不同以及操作不当而引起的测量结果错误是经常发生的,因此,测量工作人员的素质是决定测量结果中是否含有粗差的重要因素。

(2)测量工具。测量工具的精确程度也是影响测量结果的另一重要因素。工具的精度越高,测量结果越精确,误差越小;反之,出现粗差的可能性就越大。同时,测量工具本身也可能存在一些缺陷,例如标尺的读数不清楚,对测量结果造成很大的影响。在试验前,应根据试验测量精度的要求选取正确的测量工具,对选取的工具进行必要的检查,看是否有损坏的现象。

(3)外界环境。测量过程中往往存在一些偶然的不可抗拒因素,例如外出测量中天气的变化,对测量结果会造成一定的偏差,假如偏差过大,测量的数据就是粗差。而测量过程中,因人为因素和测量工具引起的粗差是可以避免的,但外界条件是不可避免的。

2. 格拉布斯法剔除粗差[31-33]

粗差一般出现在测量列中,如果不恰当地剔除随机误差较大的正常测量数据,会造成测量系统精度偏好的假象,而不剔除含有粗差的异常值,又会造成测量系统精度偏低的假象。这些都会对测量数据处理的结果产生重大影响。因此,需要遵循一定的法则,对观测数据中不可避免的粗差予以探测和合理剔除,保证数据的干净,以此保证后续数据处理的准确性。常用的探测与剔除粗差的统计方法是基于随机抽样和测量值遵循统计分布理论中的小概率事件原理。目前,常用的探测准则包括:莱特准则、格拉布斯准则、t 检验准则、肖维勒准则和狄克松准则。

经实验归纳,当观测值数目大于 200 时,宜采用莱特准则;当观测值数目为 100~200 时,宜采用肖维勒准则;当观测值数目小于 100 时,宜采用格拉布斯准则;而当观测值数目小于 7 时,则宜采用狄克松准则。根据本次试验所得的数据,宜采用格拉布斯准则进行粗差判定。

9.3.2 格拉布斯准则

格拉布斯法假设测量结果服从正态分布,根据顺序统计量来确定可疑数据的取舍。做 n 次重复试验,测得结果为 $x_1, x_2, \cdots, x_i, \cdots, x_n$,服从正态分布。其求解过程如下所述:

求解样本的标准差:

$$S = \sqrt{\frac{1}{n-1} \sum_{i=1}^{n} (x_i - \overline{x})^2} \qquad (9-4)$$

式中:n 为样本的容量;x_i 为测得的实际数据,$\overline{x}$ 为样本的平均值,$\overline{x} = \frac{1}{n} \sum x_i$。

求解统计量 $g_{(i)}$:

$$g_{(i)} = \frac{|x_i - \overline{x}|}{S} \qquad (9-5)$$

根据格拉布斯统计量的分布,在指定的显著水平 β(一般 $\beta = 0.05$)下,求得判别可疑值的临界系数 $g_0(\beta, n)$,系数 $g_0(\beta, n)$ 可根据试验次数 n 和可靠概率 β 查表 9.5 得到。

根据格拉布斯判别标准可知,$g_0(\beta, n) > \max g_{(i)}$ 时,该数据组是正常的,予以保留;反之存在异常数据,此时 $\max g_{(i)}$ 应舍去。利用格拉布斯法每次只能舍去一个可疑值,若有两个以上的可疑数据,应该一个一个地舍弃,舍弃第一个数据后,检测次数由 n 变为 $n-1$,以此为基础再判别第二个可疑数据是否应该舍

113

弃。每次均值和标准偏差要重新计算,再决定取舍。

表 9.5　格拉布斯临界系数表

n	$\beta=0.05$	n	$\beta=0.05$	n	$\beta=0.05$	n	$\beta=0.05$
3	1.15	10	2.08	17	2.47	24	2.64
4	1.46	11	2.24	18	2.5	25	2.66
5	1.67	12	2.29	19	2.53	30	2.74
6	1.82	13	2.33	20	2.56	35	2.81
7	1.94	14	2.37	21	2.58	40	2.87
8	2.03	15	2.41	22	2.6	50	2.96
9	2.11	16	2.44	23	2.62	100	3.17

9.3.3　轮迹深度与拦阻距离的粗差

1. 轮辙深度

由上述结论可知,在测量轮辙深度试验过程中不可避免地会产生一定误差,因此,在引用数据之前,必须对数据进行相关处理,剔除其中的病态数据。

按格拉布斯求解过程对样本数据进行差值剔除:

第一次判定:样本平均值:$\bar{x}=0.3017$

样本标准差:$S=0.0538$

$\max g_{(i)}=2.7565>g_0(0.05,18)=2.5$

该数据可认定为异常数据,应予以剔除。得到新样本重新判定。

第二次判定:样本平均值:$\bar{x}=0.2929$

样本标准差:$S=0.0403$

$\max g_{(i)}=2.5285>g_0(0.05,17)=2.47$

该数据可认定为异常数据,应予以剔除,得到新样本重新判定。

第三次判定:样本平均值:$\bar{x}=0.2994$

样本标准差:$S=0.0313$

$\max g_{(i)}=1.9364<g_0(0.05,16)=2.44$

通过 3 次判定,得到可信度较高的新的样本数据。其轮辙深度为 0.35,0.33,0.36,0.33,0.28,0.27,0.33,0.3,0.28,0.28,0.26,0.27,0.28,0.28,0.28,0.31,其样本数据的平均值 $\bar{x}=0.299$ m。

2. 拦阻距离

由上述方法可知,同理可以求解拦阻距离的粗差计算结果,得到新的拦阻距离样本数据为 2.5、3.1、2.9、2.4、2.7、2.5、2.8、3.3、2.8、3.5、3.1、2.9、2.9、

2.9、2.9、2.4、2.8,平均值 $\bar{y} = 2.91$m。

9.3.4 动滑转下陷系数的确定

通过计算可知,试验车载静止状态的轮辙深度值为 0.273m,与实际陷入深度 $\bar{x} = 0.299$m 有一定的差异,应予以考虑动下陷量的影响,才能将道面轮辙理论公式应用于阻机砂堤设计之中。

根据雷达测速可知,轮子在不同理论速度下的实际运动速度如表 9.6 所列。

表 9.6 理论速度与实际速度对比值

理论速度/(km/h)	20	30	40
实际速度/(km/h)	18	26	35

在不同速度下,滑转率分别为 s_1、s_2、s_3。理论上滑转率只与砂子性质和轮胎材料性质相关,相同工况下滑转率应该相等,即 $s_1 = s_2 = s_3$。而由于测量误差,s_1、s_2、s_3 存在一定偏差,为提高准确度,取三者的平均值作为轮胎的滑转率,即

$$s = \frac{s_1 + s_2 + s_3}{3} \approx 12\% \qquad (9-6)$$

换算系数 A 为

$$A = \frac{h_d - h}{s} \qquad (9-7)$$

综上所得,对于该工况下,试验的动下陷系数 A 为

$$A = 0.22$$

轮辙陷入公式为

$$H = 0.22s + h \qquad (9-8)$$

9.4 理论公式分析验证与修正

本次试验的目的是验证理论公式的正确性,确保在该公式设计下的阻机砂堤能够满足飞机冲出跑道的使用要求,提高其实际应用水平。

9.4.1 公式验证

试验是在不同速度下进行的,通过观察不同速度下拦阻效果,分析理论公式的适用性。

试验一:速度为 10km/h。

在速度为 10km/h 的情况时,由于速度较小,卡车的前轮进入砂堤而后轮未进入砂堤,在此种情况下卡车前轮通过砂堤表面后对后轮并不会产生影响,可以较好地反映理论公式计算值与试验测量值之间的关系。通过计算得到此时卡车前轮在砂堤上前进距离为 $L' = 3.2$m,而由 9.3 节得到通过处理过的拦阻距离数据的平均值 $L = 2.9$m,理论值与实际值比较接近。

试验二:速度为 20km/h。

在速度为 20km/h 时,卡车前后轮均受到砂堤的拦阻作用。从试验中发现,在此速度下,卡车正好通过砂堤,后轮在砂堤端部停止,即拦阻距离 $L \approx 4$m。由计算可知,理论拦阻距离 $L' = 3.7$m,在该速度下,试验结果也接近。

试验三:速度为 30km/h。

在该速度下,卡车所具有的动能较大,一道砂堤并不能拦停卡车。在做对比时须按上述方法进行转化,对比卡车通过砂堤后的瞬时速度。通过测速仪测得卡车通过砂堤后的速度为 $v = 19$km/h,而理论速度为 $v' = 18$km/h,理论值与实际值非常接近。

综合考虑 3 种情况下拦阻效果,其理论值与实际值较为接近,误差都小于 10%,说明该设计公式基本符合要求。

9.4.2 误差来源分析

通过试验数据发现,试验值与理论值之间存在一定的误差。产生误差的原因如下:

1. 参数取值误差

在确定参数时,是通过试验得到的,而由于试验仪器以及人为因素的存在,试验过程本身存在一定的误差。因此,所得参数与实际值之间有一定的误差,导致计算结果也会产生相应的误差。

2. 测量误差

试验中,轮辙深度和拦停距离是通过卷尺测量得到,因此在测量过程中会产生一定的误差。

9.4.3 理论公式的试验修正

在做敏感性分析时,可以看出参数取值准确与否是影响计算结果的重要因素,而往往实际取值时存在一定的误差。为保证理论公式的实际应用水平,通过在砂堤公式前乘以一个合理的修正系数,可以使理论值接近试验值,更加符合实际情况。

由试验一可得,其修正系数 $K_1 = 1.103$;由试验二可得,其修正系数 $K_2 = 1.085$;由试验三可得,其修正系数 $K_3 = 1.056$。在不同工况下,得到的修正系数基本接近,可以满足实际应用,砂堤长度设计公式的修正系数为

$$K = \frac{K_1 + K_2 + K_3}{3} \approx 1.1 \tag{9-9}$$

9.5 小　　结

本章主要对室外试验进行整理分析,主要工作如下:

(1)进行阻机砂堤拦阻效果的室外试验,模拟飞机冲出跑道的拦阻过程。通过试验,得到轮辙深度和拦阻距离试验值。

(2)通过格拉布斯方法,对试验值进行处理,得到准确性较高的数值。利用处理后的数据,确定了动下陷系数 $A = 0.22$。

(3)对比试验值与理论值之间的差异,对理论公式进行分析,计算得到阻机砂堤长度理论公式的修正系数 $K = 1.1$[56]。

第 10 章　阻机砂堤设计指标

在设计阻机砂堤时,如何确定阻机砂堤的设计指标是一个十分重要的问题。主要指标包含飞机的设计速度和实际需要的拦阻长度。针对机场端安全区多数在 300~400m 长度的现实条件,探讨阻机砂对飞机拦阻的设计速度,对设计指标提出一些分析建议。

10.1　阻机砂堤设计长度的理论计算

运用前述理论,编写了计算机程序,界面如图 10.1 所示。

lanzudi20120620
土壤相关参数
土壤内聚力模量Kc
950
滑转率s
0.2
土壤摩擦模量KΦ
1528430
滑动摩擦系数f
0.2
土壤变形指数n
1
土壤重度系数γ
270
土壤内聚力C
1040
太沙基承载系数Nc
0.98
土壤内摩擦角Φ
28
太沙基承载系数Nr
7.4
土壤剪切模量G
24900000
端保险道坡度tgθ
0
动下陷系数A
0.22
飞机相关参数
飞机质量
8655
前轮轮数N1
2
前轮直径D1
0.48
后轮轮数N2
2
后轮直径D2
0.64
前轮载荷分配系数
0.11
前轮轮宽B1
0.17
后轮载荷分配系数
0.89
后轮轮宽B2
0.14
求拦阻堤的长度
冲出跑道速度V0
29
求拦阻堤长度
拦阻堤长度
51.4156
求最大速度
拦阻堤长度
100
求最大速度
最大速度V0
40.4437

图 10.1　阻机砂堤设计计算界面

由于不同机场的端保险道设置长度不同,不同机型对阻机砂堤尺寸要求的不同,根据实际情况对设计机场端保险道上设置的阻机砂堤所能保证安全拦阻最大速度进行试算,得到不同机型的拦阻效果。

通过计算不同长度阻机砂堤可拦阻不同飞机冲出跑道速度,以观察不同情况下速度与对应起飞着陆速度之间的关系。计算时,以陕西地区灞河的砂子为砂堤模型,其砂子相关参数在试验部分已经求出,方便理论计算。

根据 A 型飞机的参数进行计算分析;砂子为西安地区的干砂,$k_c = 0.95kN/m^{n+1}$,$k_\varphi = 1528.43kN/m^{n+2}$,下陷指数 $n = 1$,$c = 1.04kPa$,$\varphi = 28°$,$E = 64.74MPa$,剪切模量 $G = 24.9MPa$,机轮与砂子的滑转率为 $s = 0.1$,其换算系数为 $A = 0.22$,$\gamma = 27kN/m^3$,太沙基承载系数 $N_c = 0.95$,$N_\gamma = 7.4$;端保险道纵坡为 0,砂堤为自然堆积状态。

根据计算软件求得不同阻机砂堤设置长度对应的不同状态下可拦阻 A 型飞机的最大速度,如表 10.1 所列。

表 10.1　不同长度阻机砂堤可拦阻 A 型飞机的最大速度

不同阻机砂堤长度		最大起飞质量	最大着陆质量	正常起飞质量	最小着陆质量
不同阻机砂堤长度对应的拦阻速度	300m	61.8m/s	66.9m/s	67.5m/s	60.7m/s
	250m	57m/s	56.3m/s	56.8m/s	53m/s
	200m	50.4m/s	54.6m/s	55.1m/s	49.6m/s
	150m	43.5m/s	43.1m/s	44.1m/s	41.1m/s
	100m	35.6m/s	38.6m/s	39.0m/s	35.1m/s
	50m	25.2m/s	27.3m/s	27.5m/s	24.8m/s

从表 10.1 中可以看出,不利的情况为最大质量起飞和最小着陆质量着陆条件下拦阻冲出跑道飞机,在相同外界条件下,可拦阻最小着陆质量状态的速度最小。对于最大质量起飞,在 100m 阻机砂堤长度对应的可拦阻最大冲出跑道速度为 35.6m/s,约为离地速度的 37%;在 200m 阻机砂堤长度对应的可拦阻最大冲出跑道速度为 50.4m/s,约为接地速度的 52%。对于最小着陆质量着陆,在 100m 阻机砂堤长度对应的可拦阻最大冲出跑道速度为 35.1m/s,约为接地速度的 43%。在 200m 阻机砂堤长度对应的可拦阻最大冲出跑道速度为 47.7m/s,约为接地速度的 61%。

采用类似的方法对使用该机场的全部飞机 A、B、C、D、E、F、G 进行计算分析,对结果数据进行分析。

从图 10.2 可以看出,当设置 100m 的砂堤长度时,全部试算机型的可拦阻冲出跑道速度都大于本身着陆接地速度的 40%;而当设置 200m 的阻机砂堤时,所能拦狙最大冲出跑道速度约在着陆接地速度的 50%~60%。当阻机砂堤设置从 100m 增加到 200m 时,阻机砂堤长度增加一倍,而可拦阻飞机最大冲出跑道速度并没有很大提高,因此设置 200m 的阻机砂堤经济性相对变差。

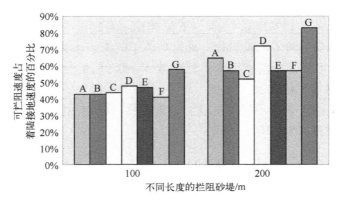

图 10.2 不同长度阻机砂堤对应可拦阻速度占着陆接地速度的比例图

10.2 阻机砂堤设置指标

通过计算可以看出,设置 100~200m 长度的阻机砂堤基本能够满足拦阻冲出跑道飞机的安全要求,其可拦阻速度一般都在接地速度的 40%以上,说明可以拦阻多数情况下冲出跑道飞机。通过计算以一定速度冲出跑道飞机所需阻机砂堤长度,根据端保险道阻机砂堤设置实际情况,可以得到符合当前实际情况的冲出跑道设计速度,以设计满足飞机在着陆阶段冲出跑道后拦阻要求的阻机砂堤。

图 10.3 所示为部分机型在不同速度所需阻机砂堤长度的直方图。

由图 10.3 可知,以接地速度的 30%作为设计速度时,阻机砂堤长度只需 40m 左右,而以 40%作为设计速度时,阻机砂堤普遍在 80m 左右即可满足拦阻要求。

由图 10.4 可知,在同样的速度水平下,最小着陆质量状态拦停飞机所需阻机砂堤长度值比最大着陆质量拦停飞机所需阻机砂堤长度值更大,其原因是最小着陆质量时机轮的陷入深度较小,其拦阻力较小。以接地速度的 30%作为设

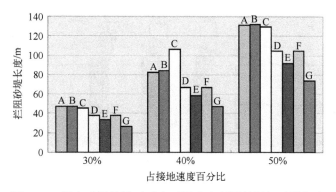

图 10.3　最大质量着陆时对应不同速度所需的阻机砂堤长度

计速度,其阻机砂堤长度在 40m 左右。当达到接地速度的 40%时,所需阻机砂堤长度为 90m 左右。说明最小着陆质量状态时对阻机砂堤要求较高,即为拦阻效果不利情况。因此,在设计阻机砂堤时应以最不利情况作为标准,即满足最小着陆质量状态着陆时冲出跑道的拦阻要求。

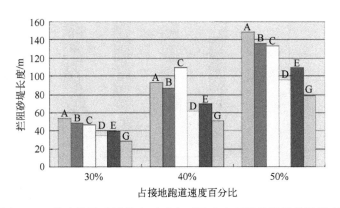

图 10.4　最小着陆质量状态下对应不同速度所需的阻机砂堤长度

对于长度为 300m 端保险道,阻机砂堤设计速度以 40%着陆接地速度为宜,其阻机砂堤长度大约为 110m 左右,可将砂堤分为 3 段,阻机砂堤的设置形式如图 10.5 所示。

对于 400m 端保险道的阻机砂堤设计速度以 50%着陆接地速度为宜,其阻机砂堤长度约为 150m 左右,可将砂堤分为 4 段,阻机砂堤设置形式如图 10.6 所示。这种形式的端保险道拦阻效果比较好,适用于对起飞着陆要求较高的机场,可以更有效地保证飞机起降阶段的安全。

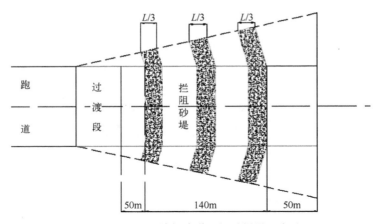

图 10.5　300m 端保险道阻机砂堤设置方法

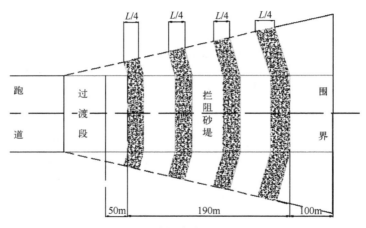

图 10.6　400m 端保险道阻机砂堤设置方法

　　为满足最低保障要求,以 40% 着陆接地速度作为计算阻机砂堤长度的设计速度是最低要求。对于端保险道较长的机场,可以考虑以 50% 着陆接地速度作为阻机砂堤的设计速度。

10.3　接地误差与设计速度分析

　　进行飞机着陆滑跑距离计算时,把飞机着陆滑跑过程看作是一个匀减速直线过程,假设初速度为飞机接地速度 v_1,到达跑道端的末速度为 v_2,减速度为 a。那么,飞机着陆滑跑距离的基本计算公式为

$$S = \frac{v_1^2 - v_2^2}{2a} \qquad (10-1)$$

式中:S 为着陆滑跑距离。

1. 以40%接地速度为阻机砂堤设计速度

供着陆滑跑的跑道长度为飞机从接地到正好停于跑道末端的滑跑距离,即 $v_2 = 0$,其滑跑距离为

$$S_l = v_1^2 / 2a \qquad (10-2)$$

当飞机接地速度增大,按正常接地点接地时,飞机发生冲出跑道事故。此时,允许到达跑道端的最大速度为 $0.4v_1$,在跑道上滑跑距离 S_l 为

$$S_l = \frac{v'^2 - (0.4v_1)^2}{2a} \qquad (10-3)$$

式中:v' 为最大接地速度。

将式(10-2)代入式(10-3)得,$v' = 1.077v_1$,即接地速度允许超过规定接地速度的 7.7%。

当飞机以规定接地速度延缓接地时,假设延缓接地长度为 x,此时,有

$$S_l = \frac{v_1^2 - (0.4v_1)^2}{2a} + x \qquad (10-4)$$

将式(10-2)代入式(10-4)得,$x = 0.16S_l$,即延缓接地时接地点位置距离正常接地点位置正后方的允许长度为正常着陆滑跑距离的 16%。

2. 以50%接地速度为阻机砂堤设计速度

当以50%接地速度作为飞机冲出跑道时阻机砂堤的设计速度时,飞机达到跑道端的最大速度为 $0.5v_1$,计算得到 $v' = 1.12v_1$,即接地速度允许超过规定接地速度的 12%;而 $x = 0.25S_l$,即延缓接地时接地点位置距离正常接地点位置正后方的允许长度为正常着陆滑跑距离的 25%。

从着陆角度看,当阻机砂堤设计速度从40%增加到50%时,允许超过规定接地速度提高了 4.3%,允许延缓接地距离增加了 9%,放宽了着陆的要求。对比发现,控制着陆速度比控制接地点准确性更加重要。

10.4 小　结

本章主要将设计理论与实践相结合,对各型飞机冲出跑道后的拦阻情况进行分析,有如下初步结论。

(1)拦阻飞机离地速度或接地速度全速冲出跑道时,现有端保险道长度条

件下,采用阻机砂不能使冲出跑道的飞机在端保险道范围内停住。

（2）在现有条件下,对于长度为300m的端保险道,建议其阻机砂堤设置长度为110m,能保障设计速度为接地速度的40%;对于长度为400m的端保险道,建议其阻机砂堤设置长度为150m,能保障设计速度为接地速度的50%。

参 考 文 献

[1] 蔡良才. 机场规划设计[M]. 北京:解放军出版社,2002.

[2] 丁德亮,郑汝海,邵斌,等. 机场缓冲地带设计研究[J]. 四川建筑科学研究,2008,34(5): 192-194.

[3] 陈瑜洲,穆宇新. 国产飞机拦阻装置概况[J]. 航空工艺技术,1991,(1):41-42.

[4] 李守佳,于静成. 国产 LZ-Ⅲ飞机拦阻设备[J]. 国际航空,1993,29(12):60-61.

[5] 李贯成,姜志峰,吴云生. 飞机拦阻系统的现状及其发展[J]. 洪都科技,2007,(3):7-11.

[6] 刘宏伟,赵国志,夏松林,等. 飞机网式拦阻系统动力学分析[J]. 力学与实践,2007,29(2): 21-23.

[7] 杜天容. 飞机拦阻系统控制仿真分析[D]. 沈阳:东北大学,2006.

[8] 吴娟,何长安. 飞机拦阻系统分析与控制研究[D]. 西安:西北工业大学,2003.

[9] 柳刚. 飞机着陆拦阻装置的设计方法研究[D]. 南京:南京航空航天大学,2006.

[10] 吴娟. 某型飞机拦阻系统纠偏仿真分析[J]. 系统仿真学报,2002,14(12):1614-1616.

[11] 张道磊. 拦阻系统的仿真研究[D]. 哈尔滨:哈尔滨工程大学,2009.

[12] 童美祥. 飞机着陆拦阻装置设计与分析[D]. 南京:南京航空航天大学,2007.

[13] JAMES C. WHITE, et al. Soft-ground arresting system for airports:Finalrept[R]. 1993N94-26202/9/ HDM. COMRISE Technologies inc.

[14] TYLER HALSEY. Sensitivity analysis of cementitious engineered material arresting systems[D]. US: University of Arkansas,2008.

[15] 曹淑华,等. 飞机拦阻系统拦阻性能仿真研究[J]. 航空计算技术,2002,32(3):34-37.

[16] 张澍森. 飞机拦阻过程的非线性最优控制[D]. 南京:南京航空航天大学,2008.

[17] 杨新. 飞机六自由度模型及仿真研究[J]. 系统仿真学报,2000,12(3):210-213.

[18] 袁东. 飞机起落架仿真数学模型建立方法[J]. 飞行力学,2002,20(4):44-47.

[19] 徐冬苓. 飞机起落架数学模型的研究[J]. 系统仿真学报,2005,17(4):831-833.

[20] 晋萍,聂宏. 起落架着陆动态仿真分析模型及参数优化设计[J]. 南京航空航天大学学报,2003, 35(5):498-502.

[21] 常虹. 新型飞机道面拦阻系统应用研究[D]. 天津:中国民航大学,2009.

[22] 王维,常虹. 飞机道面拦阻系统建模分析[J]. 中国民航大学学报,2009,27(2):10-13.

[23] 罗晓利. 1990—2003 中国民航 152 起小于间隔飞行事件的分类统计研究[J]. 中国安全科学学 报,2004,14(12):26-32.

[24] 陶靖轩,王敏华,刘春丽. 应用统计学[M]. 北京:中国计量出版社,2003.

[25] 中国民用航空局航空安全技术中心. 近十年全球商用喷气机冲出跑道事故统计分析[R]. 2009.

[26] 杜红兵,李珍香. 进近着陆运输飞行事故原因及预防对策[J]. 中国安全科学学报,2006,16(6): 118-122.

[27] 霍志勤,罗帆. 近十年中国民航事故及事故征候的统计分析[J]. 中国安全科学学报,2006, 16(12):65-71.

[28] 周易之,舒平. 起飞阶段冲偏出跑道事故预防分析[J]. 中国安全科学学报,2009,19(1):38-44.

[29] 翁兴中,蔡良才,等. 机场道面设计[M]. 北京:人民交通出版社,2007.

[30] 钱炳华,张玉芬. 机场规划设计与环境保护[M]. 北京:中国建筑工业出版社,2000.

[31] 赵国藩,金伟良,贡金鑫. 结构可靠性理论[M]. 北京:中国建筑工业出版社,2000.

[32] 李乐. 军用机场跑道平面尺寸可靠性设计研究[D]. 西安:空军工程大学,2009.

[33] 李乐. 军用机场水泥混凝土道面可靠性设计方法研究[D]. 西安:空军工程大学,2003.

[34] 岑国平,李乐. 机场工程可靠性设计[M]. 西安:空军工程大学工程学院,2008.

[35] 张明. 结构可靠度分析—方法与程序[M]. 北京:科学出版社,2009.

[36] 苏金明,阮沈勇. MATLAB6.1实用指南[M]. 北京:电子工业出版社,2002.

[37] 求是科技. MATLAB7.0从入门到精通[M]. 北京:人民邮电出版社,2006.

[38] BEKKER M G. 地面车辆系统导论[M]. 北京:机械工业出版社,1978.

[39] BEKKER M G. Theory of land locomotion [M]. Ann Arbor Michigan:The University of Michigan Press,1956.

[40] 庄继德. 汽车地面力学[M]. 北京:机械工业出版社,1980.

[41] 庄继德. 计算汽车地面力学[M]. 北京:机械工业出版社,2001.

[42] JANOSI Z,HANAMTO B. The analytical determination of drawbar pull as a function of slip for tracked vehicles in deformable soils[C]. International Conference of the International Society for Terrain-Vehicle Systems. Italy:ISTVS,1961:707-726.

[43] 刘聚德. 车辆砂地行驶理论[M]. 北京:机械工业出版社,1996.

[44] 李杰,庄继德,翟忠魁. 车辆行驶的表层砂土非线性弹性本构模型的试验研究[J]. 农业工程学报. 1996,12(2):54-58.

[45] 赵旗,徐颖,李杰. 车辆行驶工况下的沙漠沙本构特性模型的建立[J]. 吉林大学学报(工学版), 2003,33(1):42-45.

[46] 李杰,庄继德,叶楠. 确定松软地面剪切特性模型参数的新方法[J]. 农业机械学报,2003,31(3): 5-7.

[47] 李杰,叶楠,庄继德. 车辆行驶的沙漠沙剪切特性的研究[J]. 兵工学报,1999,20(3):193-197.

[48] 王林. 月球车车轮与土壤作用的力学特性分析与测试系统设计[D]. 哈尔滨:哈尔滨工业大学,2006.

[49] REECE A R. Problems of soil-vehicle mechanics[R]. U. S. Army L. L. L, ATAC, No. 8479 warren, Mich,1966.

[50] 卢成文. 世界飞机手册[M]. 北京:航空工业出版社,1994.

[51] 时党勇,李裕春,张胜民. 基于ANSYS/LS-DYNA8.1进行显示动力分析[M]. 北京:清华大学出版社,2005.

[52] 尚晓江,苏建宇,等. ANSYS/LS-DYNA动力分析方法与工程实例[M]. 北京:中国水利水电出版社,2006.